JN046911

ティラノサウルス

解体新書

小林快次／著

講談社

ティラノサウルス解体新書

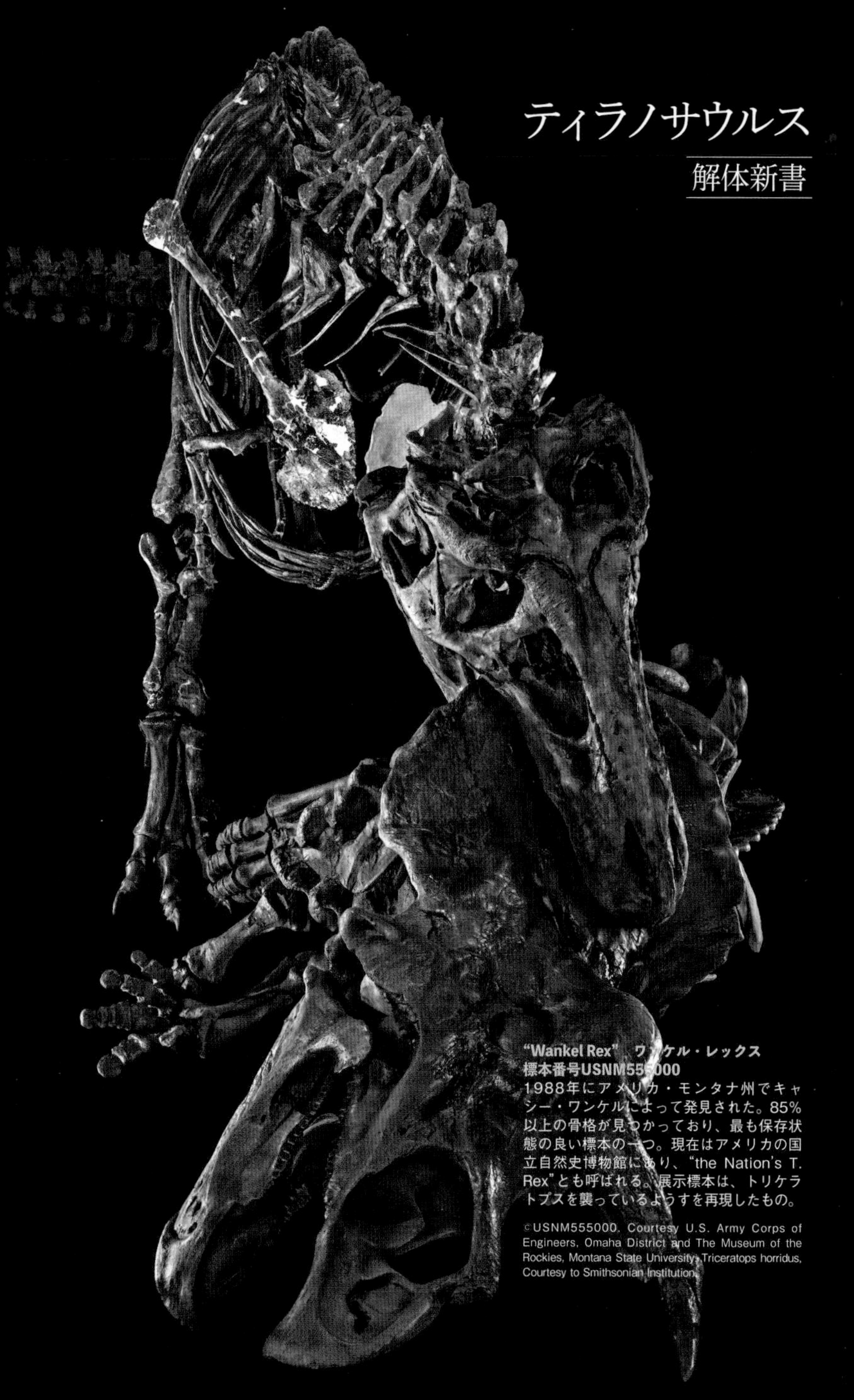

“Wankel Rex” ワンケル・レックス
標本番号USNM555000
1988年にアメリカ・モンタナ州でキャシー・ワンケルによって発見された。85%以上の骨格が見つかっており、最も保存状態の良い標本の一つ。現在はアメリカの国立自然史博物館にあり、“the Nation’s T. Rex”とも呼ばれる。展示標本は、トリケラトプスを襲っているようすを再現したもの。

©USNM555000. Courtesy U.S. Army Corps of Engineers, Omaha District and The Museum of the Rockies, Montana State University; Triceratops horridus, Courtesy to Smithsonian Institution.

“Black Beauty”　ブラック・ビューティ
標本番号RTMP 81.6.1
1980年にカナダ・アルバータ州で発見された。化石化の過程で、地下水に含まれるマンガンが沈着し、美しい黒色をしていることから、“Black Beauty”の愛称で呼ばれている。ロイヤル・ティレル古生物学博物館所蔵。

©アフロ

"Scotty" スコッティ
標本番号RSM P 2523.8
1991年にカナダ・サスカチュワン州で発見され、これまで見つかったティラノサウルスの標本のなかで最大とされる。全長約13m、推定体重は約８．８ｔ。ロイヤル・サスカチュワン博物館所蔵。
©Courtesy of The Royal Saskatchewan Museum

"Sue"スー
標本番号FMNH PR 2081
1990年にアメリカ・サウスダコタ州で、古生物学者のスーザン・ヘンドリクソンによって発見された。90％以上の骨格が残存しており、ティラノサウルスの標本中、最も保存状態がよい。全長12.3mで推定体重も８ｔを超え、"Scotty"とほぼ同等の大きさ。シカゴのフィールド自然史博物館所蔵。©アフロ

"Dueling Dinosaurs"決闘恐竜
2006年にアメリカ・モンタナ州のヘルクリーク層から発見された、ティラノサウルスの亜成体とトリケラトプスが絡み合った状態の化石。どちらにも、多くの傷が見られ、トリケラトプスの骨に埋まったティラノサウルスの歯も見つかっていることから、決闘恐竜と呼ばれている。ノースカロライナ自然科学博物館所蔵。©Matt Zeher

復元された決闘恐竜のモデル
©Julius Csotonyi

ティラノサウルス解体新書

小林快次／著

講談社

もくじ

第2部　第1章　迷子になったティラノサウルス……101

第2章　ティラノサウルスのファッション事情……123

第3章　ティラノサウルスのエンゲル係数「食べ物」……145

はじめに

以前、小学生を対象とするラジオの電話相談で、こんな質問を受けたことがありました。

「――なぜ恐竜図鑑の表紙は、いつもティラノサウルスばかりなのですか？」

言われてみれば確かに、世界中で1000種類を超える恐竜が発見されているのに、書店にならぶ図鑑の表紙に起用されるのは、ティラノサウルスばかりです。私は思わず返答に窮してしまいましたが、じつは、答えはとても簡単。ティラノサウルスを表紙にしたほうが、図鑑はよく売れるのです。

ティラノサウルスは、なぜこれほど人気があるのか。個人的には、いつもティラノサウルスばかりではつまらないので、もっと渋い恐竜を表紙にしたいと思うこともあります。

そもそも私は、相撲なら白鵬よりも大徹(最高位小結。1990年に引退)、野球ならイチローよりもマイク・ディアズ(元千葉ロッテの4番)を好みます。だから、ときには、ティラノサウルスではなく、私が命名したシノオルニトミムスを表紙に使ってくれてもいいのでは……などと密かに願っているのですが、それでは図鑑として地味なのは明白。ティラノサウルスが表紙になるのも、いたしかたがないでしょう。

そのように、ティラノサウルスは、恐竜のなかでも断トツの知名度を誇っています。親子が集まる講演会などで、「みなさん、ティラノサウルスはご存知ですよね?」と問いかけてみれば、うなずかない人はまずいません。続けて、「じゃあ、トリケラトプスはどうですか?」「ステゴサウルスは?」と向けてみると、やはり同じようにみなさんの顔が縦に動きます。

しかし、「ブラキオサウルスは?」「ディプロドクスやアンキロサウルスはどうですか?」というと、かなり反応が怪しくなってきます。とくに大人たちは、先ほどまでとは打って変わって、私と目を合わさないよう、目を伏せてしまいます。

そこで今度は、「では、ティラノサウルスの仲間で知っている恐竜を挙げてみてください」と聞いてみます。すると子どもたちから一斉に、「アルバートサウルス!」とか「タルボサウルス!」とか「ダスプレトサウルス!」などと、呪文のようにスラスラと名前が挙がってきます。

やはり、大きくて強いイメージがあるティラノサウルスは、子どもたちにとって恐竜のシンボル的存在なのでしょう。

しかし、そんな知名度に反して、ティラノサウルスについては、まだまだわからないことばかりです。今、こうしている瞬間にも、世界中の学者や研究者が新たな論拠、新たな説を持ち寄って議論を続けているのです。

ティラノサウルスは巨大隕石を目撃したのでしょうか？

恐竜絶滅の原因は、今からおよそ６６００万年前にメキシコのユカタン半島に巨大隕石が落ちたため、というのが定説です。直径10キロほどの隕石が地球に衝突したのと同時に、世界中の恐竜が忽然（こつぜん）と姿を消しているからです。

長い恐竜の歴史のなかでも、約６８００万年前から約６６００万年前まで生息していたティラノサウルスは、まさに隕石衝突の瞬間まで生きていた種の一つです。この約２００万年間のティラノサウルスの歴史の一部を「保存」している場所が、アメリカ・モンタナ州北東部に存在します。「ヘルクリーク層」という地層です。

ヘルクリーク層は白亜紀の終わり（約６７００万年前～約６６００万年前）に、主に川の流れによって堆積した地層です。この地層には、隕石衝突の痕跡が残されています。

隕石の衝突を境に恐竜時代（中生代）が終了し、新生代が始まりますが、この境界を「K／Pg境界」と呼びます。隕石衝突の痕跡と考えられるK／Pg境界より下の地層からは多くの恐竜化石が発見されていますが、それより上の地層からは、いっさいの恐竜が姿を消しています。

世界で最も有名な恐竜化石の産地であるこのヘルクリーク層について、２０１１年に興味深い研究成果が発表されました。論文によると発掘された化石の数から割り出した、白亜紀の終わりにこの一帯に棲んでいた恐竜の数は次の通り。

1位　トリケラトプス　73個体(40%)
2位　ティラノサウルス　44個体(24%)
3位　エドモントサウルス　36個体(20%)
4位　テスケロサウルス　15個体(8%)
5位　オルニトミムス　9個体(5%)
6位　パキケファロサウルス　2個体(1%)
6位　アンキロサウルス　2個体(1%)
(計181個体)

この論文の著者も驚いているのが、ティラノサウルスの多さです。生物学的には本来、獲物となる非捕食者の割合は全体の75%以上、哺乳類にいたっては90%以上を占めます。ひるがえって捕食者は、数%~25%程度。そう考えると、獲物を狩る側、そのなかでも頂点に立つティラノサウルスの24%は非常に高く、当時のモンタナ州には、かなりの数のティラノサウルスが生息していたことになります。

映画『ジュラシック・パーク』や『ジュラシック・ワールド』では、ティラノサウルスはラスボスめいた雰囲気で最後に登場しますが、実際には4頭に1頭がティラノサウルスだった可能性があるわけです。

さらに、もう少し細かいデータを見てみましょう。この論文では、ヘルクリーク層の下部（より古い時代）と上部（より新しい時代）の比較にも言及しています。見つかっている骨格標本を比べてみると、以下の通り。

▼下部（計39個体）

1位　トリケラトプス　11個体（28％）

1位　ティラノサウルス　11個体（28％）
3位　エドモントサウルス　6個体（15％）
4位　オルニトミムス　5個体（13％）
5位　テスケロサウルス　4個体（10％）
6位　アンキロサウルス　2個体（5％）

▼上部（計33個体）
1位　トリケラトプス　23個体（70％）
2位　ティラノサウルス　5個体（15％）

図1　白亜紀の北アメリカ（ヘルクリーク層）

2位　エドモントサウルス　5個体（15％）

ここからわかるのは、白亜紀末のスタート時には6種類の恐竜が生息していたのに、終わりになると3種類に減っていることです。

つまりこれだけ見ると、隕石衝突まで頑張れたのは、ティラノサウルス、トリケラトプス、エドモントサウルスの3種類のみ。また、骨格としての数だけで比較すると、隕石が衝突する前からティラノサウルスの比率は減っていることになります。

そこにはどのような理由があるのでしょうか？　ティラノサウルスは隕石衝突による大量絶滅を迎えるまでもなく、そもそも滅びる運命だったのでしょうか？　ただ、数を著しく減らしていても、ティラノサウルスが隕石を見ていたことはまちがいありません。

2010年に『ティラノサウルス類の古生物学』という、それまでのティラノサウルス類の研究をまとめた論文が出ました。この論文が出た理由は、当時ティラノサウルスの研究が進んだと考えられたからですが、今回は、その時期から現在までのさらに10年間余り、2010年以降の研究成果をもとに、ティラノサウルスとその仲間たちの最新研究を紹介していきます。

この本では、このティラノサウルスについて、またティラノサウルスへの進化の道について、みなさんと一緒に学んでいきましょう。

第1部　ティラノ軍団の現在

全部で18種！　「ティラノ軍団」が世界中で発見されている！

最強恐竜はもともと滅びる運命にあったのか？　謎の多いティラノサウルスですが、研究は着々と進んでいます。そもそもティラノサウルスとひとくちにいっても、その仲間は1種類ではありませんでした。みなさんがイメージするティラノサウルスは、ティラノサウルス・レックス *Tyrannosaurus rex* といって、属名がティラノサウルス、種小名がレックスで、その意味は《暴君トカゲの王》。1属1種の巨大肉食恐竜で、主に北アメリカに棲んでいました。本書では、とくに断りのない場合は、ティラノサウルスはティラノサウルス・レックスを指します。

今日では、ティラノサウルス・レックス以外にも、ティラノサウルスの仲間と目される種が、世界中に分布していたことがわかっています。もちろん、恐竜の時代に戸籍は存在しませんから、どの種がティラノサウルスの仲間に属し、どれが属さないかという判断は非常に困難です。そこで私たち恐竜学者は、ティラノサウルスに関する家系図を描き、「ここからここまでがティラノサウルスの仲間」と決めています。

しかし、黒髪の人間がかならず日本人であるとは限らないように、その定義は簡単ではありませんし、判断する人によってもティラノサウルスの仲間に入れるメンバーは変わることがあります。

2010年に、イギリスのスティーブ・ブルサッテらによる『ティラノサウルス類の古生物学』と題された、それまでのティラノサウルス類の研究をまとめた論文が発表されました。そこに登場するティラノサウルスの仲間は18種。ここでは、それらを仮に「ティラノ軍団」と呼びましょう。

そしてこの軍団は、進化の程度によって、「一軍」「二軍」「三軍」に分けることができます。

「三軍」は原始的な特徴を持つティラノサウルスの仲間。ティラノサウルスの仲間では、比較的体が小さいグループです。そうは言っても、3メートルはあり、中には5メートルを超えたものもいました。前あしの指は3本。そして、わかりやすい特徴として、鼻すじに沿って、頭の上には半月状のトサカがありました。

「二軍」をいったん飛ばして「一軍」にいきましょう。「一軍」はティラノサウルス・レックスをふくむ、進化型のティラノサウルスの仲間です。体も大きくなり、頭骨の長さだけで1メートルを超えるものもあり、体重は1トンを超えるものがたくさんいました。その大きさの割に、前あしは小さく、指は2本しかありませんでした。一軍のなかでもティラノサウルス・レックスは、その能力から超肉食恐竜と呼ばれていました。

三軍と一軍の間にあたる「二軍」は三軍よりは進化しているものの、まだまだ「一軍」までは遠い道のりがありました。三軍のようなトサカは持たず、体の大きさは3メートルのものから7メートルのものまでいました。前あしの指は、三軍と同様に3本ありました。

それでは、2010年の研究にしたがって、最も進化しているティラノ軍団一軍メンバーから見ていきましょう。

- ティラノサウルス(カナダ西部とアメリカ西部)
- タルボサウルス(モンゴル南部)
- ダスプレトサウルス(アメリカ北西部とカナダ西部)
- アリオラムス(モンゴル南部)

・アルバートサウルス(カナダ西部)
・ゴルゴサウルス(アメリカ西部とカナダ西部)
これらの一軍メンバーは、「ティラノサウルス科」と呼ばれています。

次は、説明の都合上、順番を飛ばして、先に三軍メンバーを紹介します。

・キレスクス(ロシア中部)
・グアンロング(中国西部)
・プロケラトサウルス(イギリス)
・シノティラヌス(中国北東部)

これらの三軍メンバーは、ティラノサウルス類のなかでも、古い時代に生きた原始的な仲間です。この三軍選手を「プロケラトサウルス科」と呼びます。

三軍メンバーの多くは一軍になれずに絶滅してしまいますが、わずかに生き残ったメンバーが長い時間をかけて少しずつ一軍、つまりティラノサウルスへと進化していくのです。

その過程で生まれたのが、以下の二軍メンバーです。

・ディロング(中国北東部)
・エオティラヌス(イギリス)
・ストケソサウルス(アメリカ西部とイギリス)
・シオングアンロング(中国西部)
・ドリプトサウルス(アメリカ東部)
・ラプトレックス(中国北西部？　モンゴル？)
・アパラチオサウルス(アメリカ東部)
・ビスタヒエヴェルソル(アメリカ南西部)

彼らは三軍という段階を脱し、少しずつではありますが、一軍への道を歩んでいきました。さて、この一軍から三軍まで18種のメンバーについて、みなさんは、その名前をどこまでご存知だったでしょうか？　これら一軍から三軍までを総称して、「ティラノサウルス上科」と呼びます。

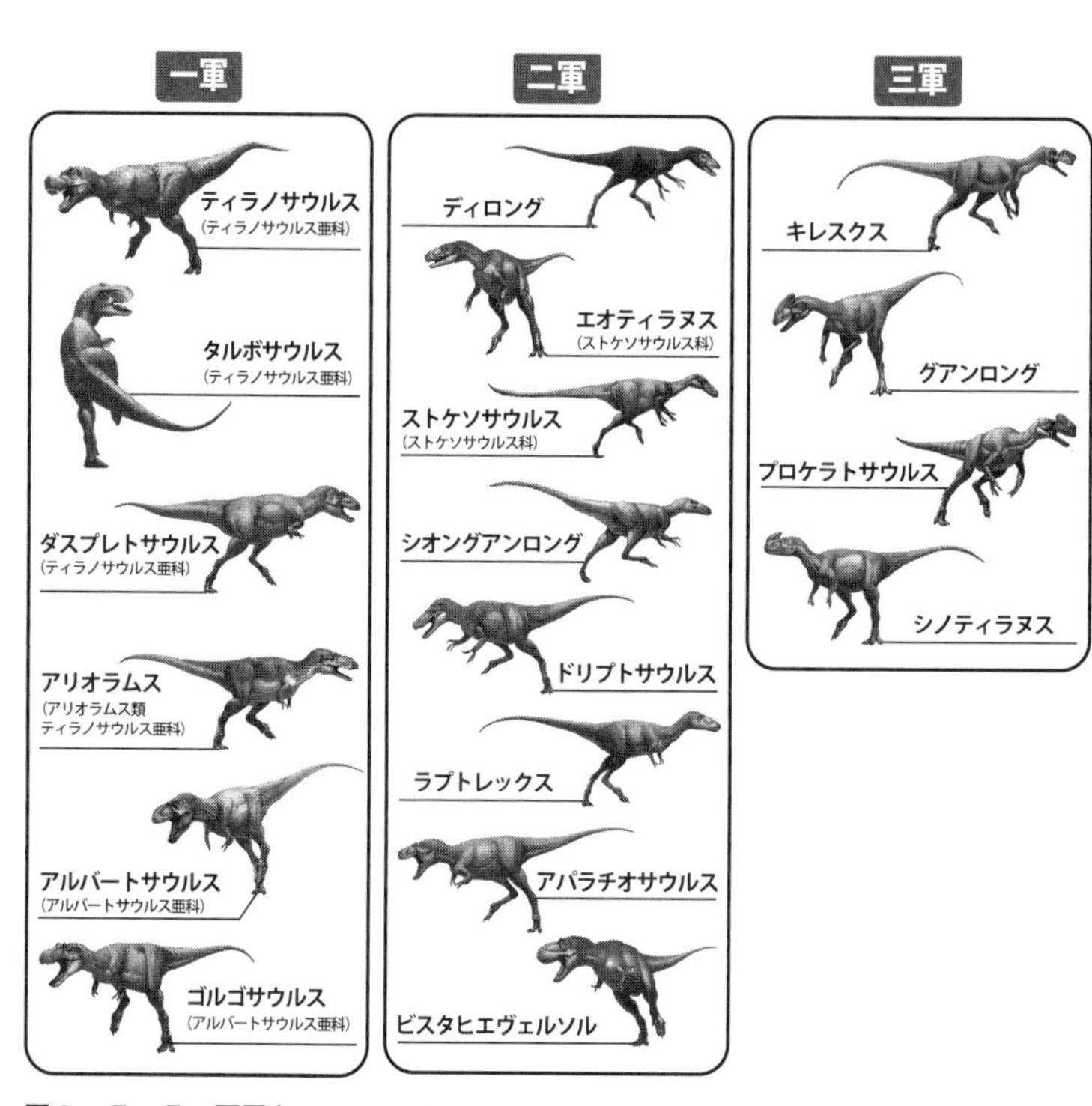

図2　ティラノ軍団(ティラノサウルス上科)のメンバー

ティラノサウルスの天下はわずか3日！
恐竜時代を1年間にしてみたらティラノ軍団が現れたのは梅雨の時期

恐竜が生きていた中生代は、別名「恐竜時代」ともいわれます。古い時代から「三畳紀」「ジュラ紀」「白亜紀」で構成され、三畳紀の初めが約2億5190万年前、白亜紀の終わりが約6600万年前と定義されています。

しかし、これでは時間軸があまりにも長過ぎて、あまりピンとこないでしょう。そこで中生代の初めを1月1日、終わりを12月31日としてみると、おおよそ次のようになります。

三畳紀　……1月1日から4月10日(元日から桜の季節)
ジュラ紀……4月10日から7月29日(桜の季節から海水浴の季節)
白亜紀　……7月29日から12月31日(海水浴の季節から大晦日)

ブルサッテらが2010年にまとめた系統樹をもとに、ティラノサウルス類の出現時期を考えてみます。ティラノ軍団がアジアやヨーロッパに誕生したのは、ジュラ紀中期のことです。最初に登場するのは三軍メンバーであり、キレスクスやプロケラトサウルスなど。恐竜カレンダーでいえば、6月14日から15日くらいの時期(ジュラ紀バトニアン期・約

1億6830万年前~約1億6610万年前)で、日本ではちょうど梅雨時ということになります。

同じく三軍に名を連ねるグアンロングはそれより少し後で、6月の終わり頃(ジュラ紀オックスフォーディアン期・約1億6350万年前~約1億5730万年前)に登場します。さらに三軍でしぶとく頑張っていたのがシノティラヌスで、9月の後半(白亜紀アルビアン期・約1億1300万年前~約1億50万年前)まで粘っていたものの、結局は二軍に上がることはできませんでした。

いっぽう、エオティラヌス、ディロング、ストケソサウルスなど、二軍の舞台は主に、アジア、ヨーロッパ、北アメリカだったようです。三軍が出現した同時代にも二軍メンバーは存在していたはずなのですが、今のところ化石は見つかっていません。二軍メンバーのいちばん古い証拠はストケソサウルス(ジュラ紀チトニアン期・約1億5210万年前~約1億4500万年前)で、7月の終わりに、ようやく姿をあらわしました。

ところが二軍メンバーたちは、どうやら失踪癖があるようです。8月の海水浴シーズンになると、二軍はどこかに遊びに行ってしまったのか、化石が見つからなくなってしまいます。8月の主な期間に二軍メンバーがどこにいたのか、消息はつかめていないのです。ディロングやエオティラヌス(白亜紀前期バレミアン期・約1億2940万年前~約

1億2500万年前)が、ようやく8月の終わりに現れています。

その後、夏の終わりから10月のハロウィン前まで、ラプトレックス(白亜紀バレミアン期~アプチアン期・約1億2940万年前~約1億1300万年前)とシオングアンロング(白亜紀アルビアン期)といった二軍メンバーたちは頑張っていましたが、10月の終わりから11月27日あたりまで、二軍メンバーの化石は再び見つからなくなります。

そして、11月27日(白亜紀サントニアン期の終わり・約8360万年前)以降になると、アパラチオサウルス(白亜紀カンパニアン期・約8360万年前~約7210万年前)、ビスタヒエヴェルソル(白亜紀カンパニアン期)、ドリプトサウルス(白亜紀マーストリヒチアン期・約7210万年前~約6600万年前)が姿を現します。

いよいよ一軍メンバーが出現!

アパラチオサウルスといった二軍が再び姿を現した11月27日以降、いよいよ一軍メンバーがあらわれます。もう師走は目前。恐竜カレンダーも終わりに近づいています。

それでも、体のできあがっていなかった二軍、三軍たちと比べて、アジアと北アメリカに登場した一軍メンバーは、大活躍を見せます。体は巨大化し、様々な武器を持って陸上世界を征服するのです。

この一軍メンバー中でも「最強」を誇るのが、ティラノ軍団のスーパースター、北アメリカのティラノサウルスとアジアのタルボサウルスです。彼らは最強で最恐。その強靭(きょうじん)な体と最強の武器で恐竜界を支配します。

どちらも白亜紀マーストリヒチアン期に活躍した種で、たとえばタルボサウルスが登場したのは、暦の上では12月20日頃。いわば満を持してクリスマス前にデビューした大型新人といったところでしょうか。

ティラノサウルスはさらに遅く、このマーストリヒチアン期の後半しか生きていなかったので、12月28日くらいにやっと現れたことになります。つまり、鳴り物入りでこの地球に誕生したのに、ほんの3日ほどしか暴れることができなかったのです。ほどなく大晦日の深夜零時を迎え、巨大隕石が地球に衝突し、ティラノサウルスらのスター軍団は他の恐竜とともに、この地球から姿を消してしまいました。さぞ無念であったにちがいありません。

あらためてティラノ軍団の歴史を振り返ってみると、次のようになります。

・6月14日から18日(梅雨入り)…………ティラノ軍団誕生
・6月の終わりまで(梅雨)…………三軍が頑張る
・7月16日くらい(海の日が近い)…………二軍の登場

・7月20日くらいから8月30日まで(夏休み)……………二軍、1度目の失踪
・8月の終わり(夏休みの宿題、最後の追い込み)…………二軍再登場
・10月25日まで(ハロウィン準備中)…………二軍頑張る
・10月25日から11月27日まで(馬肥ゆる秋)…………二軍、2度目の失踪
・11月27日(だいぶ寒くなってきました)…………一軍の登場
・12月20日(クリスマスの気配が)…………超スターメンバー登場
・12月28日(年の瀬)…………ティラノサウルス登場
・12月31日…………絶滅

——いかがでしょう? みなさんがこれまで持っていたティラノサウルスのイメージが、だいぶ刷新されたのではないでしょうか。最新の研究をひもとくと、軍団のなかでもティラノサウルスは短期間のうちに隆盛を迎え、そしてあっさりと散った、儚(はかな)い存在なのです。

ちなみにここまでの説明を専門的に解説すると、以下のようになります。

「19のタクサを使って、現段階でのティラノサウルス上科の系統樹を構築した。この樹形によると、ティラノサウルス上科は、プロケラトサウルス科の単系統とそれ以外の単系統に分かれる。プロケラトサウルス科には、キレスクス、グアンロング、プロケラトサウルス、シ

ノティラヌスの４タクサが含まれる。もう一方の系統は、ティラノサウルス科とその連続した姉妹群（または側系統群）で構成されている。側系統群には、ディロング、エオティラヌスとストケソサウルスの単系統、シオングアンロング、ドリプトサウルス、ラプトレックス、アパラチオサウルス、ビスタヒエヴェルソルがふくまれる。また、単系統であるティラノサウルス科は、アルバートサウルス亜科とティラノサウルス亜科の２つのクレードで構成されている。クレードとは、共通の祖先を持つ生物の分類群のことです。アルバートサウルス亜科には、アルバートサウルスとゴルゴサウルスが含まれ、ティラノサウルス亜科には、アリオラムス、ユタのタクソン、ダスプレトサウルス、タルボサウルス、ティラノサウルスがふくまれている。

年代別の産出記録を見ると、期間の長いゴーストリニエイジ（幽霊の系統）が何度か見られる。たとえば、プロケラトサウルス科のシノティラヌスがジュラ紀後期のバッジョシアン期からアプチアン期までの約５７３０万年間、ディロングが現れるまでのギャップであるバッジョシアン期からオーテリビアン期までの約４０９０万年間、ドリプトサウルスのオーテリビアン期からカンパニアン期の終わりまでの約６０５０万年間、そして、アパラチオサウルス以降の系統が現れるまでのギャップであるバレミアン期の初めからアプチアン期の終わりでの約１６４０万年間が顕著である。大きなギャップが、ジュラ紀終わりから白亜紀初期

(チトニアン期の後半からオーテリビアン期の終わりまで)と、白亜紀後期の前半(セノマニアン期の初めからサントニアン期の終わりまで)の2カ所見られ、これらのギャップは化石記録の欠落を表している。シノティラヌスとドリプトサウルス以外のゴーストリニエイジは、これら2期間の化石の欠如が原因と考えられる。シノティラヌスとドリプトサウルスの長いゴーストリニエイジも、化石の欠如という可能性もあるが、系統的位置の問題ということもあり得る。最後に、巨大化したティラノサウルス科は、カンパニアン期とマーストリヒチアン期のみに存在し、K／Pg境界近くにまちがいなく存在していたのがティラノサウルスであるということだ」

この10年で目覚ましく発展したティラノサウルス研究

恐竜のなかでも断トツの人気を誇っているティラノサウルス。そのティラノサウルスがまだまだ謎だらけの存在であることにくわえて、その仲間が世界中に分布していることを、進化の度合いから一軍、二軍、三軍に分けて解説してきました。みなさんがよく知っているティラノサウルスはもちろん一軍、それもスター中のスター選手です。

そんなティラノサウルスに関する研究は、現在も日進月歩で進んでいます。とくにここ10年は、それまで想定されていた考えにいくつもの変化があり、一軍、二軍、三軍のメンバーも増え、そして分類にも変化がありました。その研究の変遷をご紹介しましょう。

まず2011年には、中国山東省でズケンティラヌス・マグヌス(*Zhuchengtyrannus magnus*)という恐竜が発見されました。「*Zhucheng*」は見つかった地域の《諸城(ズーチエン)》、「*magnus*」はラテン語で《巨大な》、つまり《諸城の巨大な暴君》という意味です。見つかったのは約7350万年前(白亜紀カンパニアン期の終わり)よりも古い地層で、頭の骨のみ(右の上顎骨と左の歯骨)が発見されています。どちらも非常に大きい骨です。

ズケンティラヌスの上あごの骨の長さは64センチ。これに対して、ティラノサウルスが65〜79センチ、同じくティラノ軍団の代表選手であるタルボサウルスが49〜73センチなので、サイズ的には一軍のスターメンバーにひけをとりません。全長は最低で

図3　ズケンティラヌス

も10～12メートルはあったでしょう。

しかし、見つかった骨が少なかったためか、この研究ではズケンティラヌスがティラノ軍団のどこに属する存在であるのかは、結論づけられていません。ただし、発見者は論文の中で、ズケンティラヌスが一軍メンバーに属することはまちがいないと明言しています。いわば、「中国の大型スター」といった位置づけです。

同年にはさらに、アメリカのユタ州の南部、アリゾナ州との州境近くにある約7610万年前～約7400万年前（白亜紀カンパニアン期の後半）の地層から、テラトフォネウス・クリエイ（*Teratophoneus curriei*）が出土しました。ティラノサウルスよりも、やや早い時代に登場した種ということになります。

発見された化石は完全な全身骨格には程遠いものの、多くの部分が確認されています。頭の一部や背骨、腰、後ろあし……などなど、これはティラノ軍団の化石としては悪くない成果といえます。それもあって、テラトフォネウスはすぐにティラノ軍団の正規メンバー、つまり一軍として発表されました。

ちなみに名前の由来は「*teratos*」が《モンスター》、「*phoneus*」が《殺戮者》という意味で、つまりは《殺戮モンスター》。ずいぶんと物騒な名前です（ちなみにその後の*curriei*は、カナダの研究者フィリップ・カリーのCurrieから取ったもの）。

発見されたテラトフォネウスの化石は、大人になりきっていない亜成体で、全長は5メートル程度。外見的な特徴は、前後に短い頭部の形状につきます。しかし、それ以上に興味深いのは、発見された場所でした。

これまでのティラノ軍団一軍メンバーたちは、北アメリカ大陸とアジア大陸から見つかったものばかりでした。北アメリカに限ると、すべての一軍がアメリカとカナダの国境付近で発見されているのです。

そのため、一軍メンバーは涼しい地域を好むと思われていたのですが、テラトフォネウスはそこから約1000キロも南のユタ州に棲んでいました。南北に1000キロも移動すると、気候も植生も大きく異なりますから、これは生物学的にも意味のある発見です。

つまり、ティラノサウルスの一軍選手たちは、暑かろうが涼しかろうが、環境のちがいなどものともせずに、我が物顔で、広く北アメリカ大陸を支配していたことになります。

図4　テラトフォネウス

ティラノ軍団に全身に羽毛が生えた恐竜が！

２０１２年に発表されたユティラヌス・ファアリ（*Yutyrannus huali*）は、世間の大きな話題を呼びました。なぜならこの恐竜は、大きな体が羽毛で覆われていたからです。

発表時の論文のタイトルは、『中国の白亜紀前期の地層から発見された巨大な羽毛恐竜』。全部で3体の化石が見つかっていて、1体は全長6〜7メートル、体重が1・4トン（１４１４キロ）。この時代のティラノ軍団の中でもかなり大きく、重い種です。他の2体は亜成体のもので、どちらも体重５００キロほどでした。時代はエオティラヌスやディロングと同じ、白亜紀バレミアン期からアルビアン前期（約1億２９４０万年前〜約1億８００万年前）。

このユティラヌスの特徴は、頭の鼻すじの部分にある半月状のトサカです。ただし、頭にトサカがある恐竜の

図5　ユティラヌス

発見はこれが初めてではなく、たとえばティラノ軍団・三軍メンバーのグアンロングには、より大きく発達したトサカがありました。

ユティラヌスは比較的大きいサイズの持ち主ではあったものの、残念ながら前あしの指が3本あるなど原始的な特徴があるため一軍メンバーには入れず、三軍メンバーということになりました。なお、中国ではティラノサウルスの仲間以外にも、こうした「羽毛恐竜」の化石がたくさん発見されています。

再び北アメリカに目を移して、注目したいのは、2013年にテラトフォネウスと同じユタ州南部の国立公園内で発見された、リトロナクス・アルゲステス(*Lythronax argestes*)です。生息した時代はテラトフォネウスよりも少し古く、約8060万年前~約7990万年前のカンパニアン期中期。

リトロナクスの名前は、「*Lythron*」は《血》、「*anax*」は

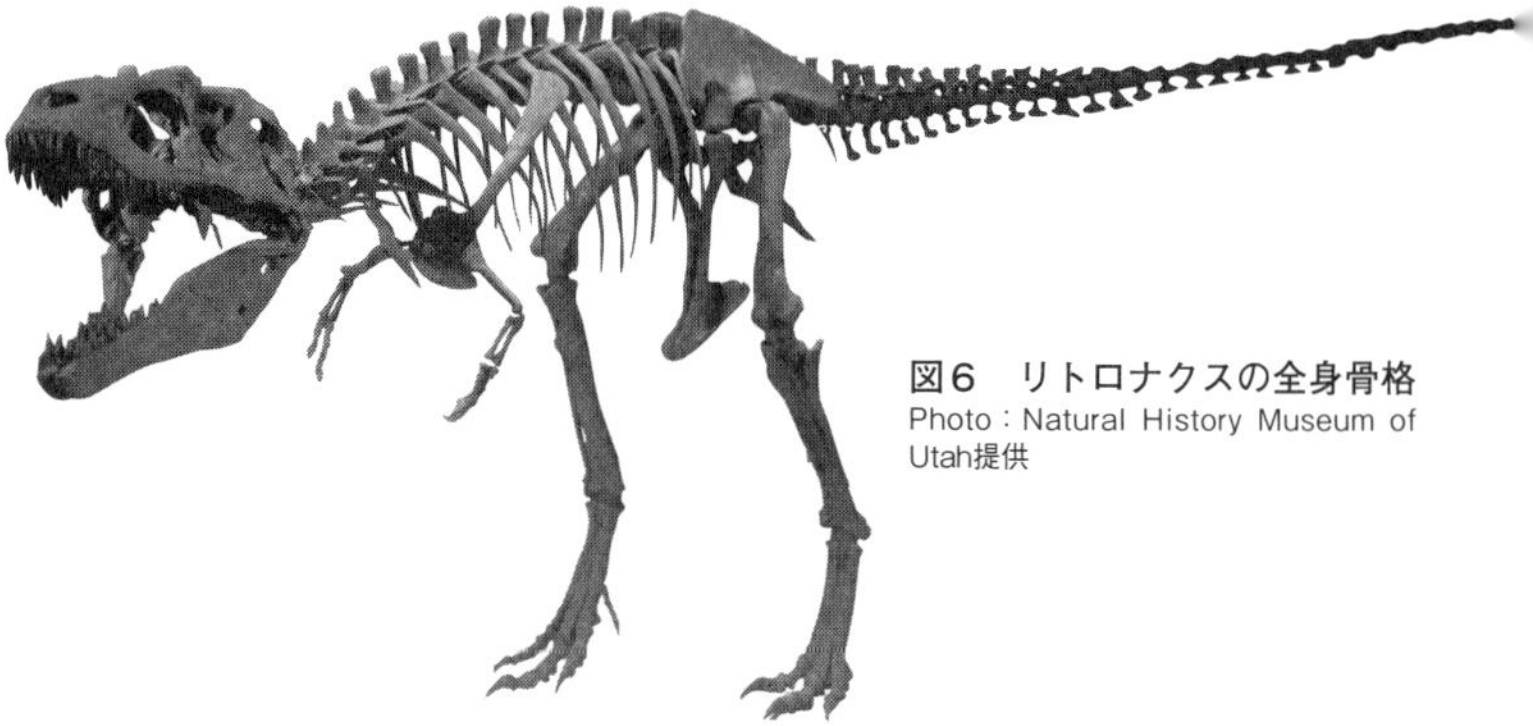

図6 リトロナクスの全身骨格
Photo : Natural History Museum of Utah提供

《王》を意味するので、さしずめ《血の王》ということになります。テラトフォネウスの《殺戮モンスター》に負けず劣らず、なにやら物騒な命名です。

このときに発表された、『暴君恐竜の進化は、白亜紀後期の海面の上昇と下降を追跡する』というタイトルがつけられた論文では、テラトフォネウスの特徴にいくつかの修正がくわえられました。

大きくは次の2点です。

・上顎窓の中央が、前眼窩窩の前端から前眼窩窓の前端との中央より後ろに位置すること。
・頬骨にある方形頬骨との関節面の前端付近に盛り上がったシワがあること。

非常に細かい修正で読者のみなさんにはピンとこないかもしれませんが、これも恐竜学においては重要な情報です。いっぽう、リトロナクスはというと、以下のような特徴があげられています。

・上顎骨の外側面の輪郭が、シグモイド曲線(ギリシア文字のς(シグマ)に似た形)を描いている。
・鼻骨の前部と中央の横幅の比率が、2・5よりも大きい。

・前頭骨にある前前頭骨の関節面と、後眼窩骨の関節面が非常に近い。
・頬骨にはっきりした眼下突縁がある。

恐竜の特徴とは、これほど細かく定義されていて、小さな特徴の違いから、種の違いや系統関係、進化の足跡を確かめていくのです。

そしてこれらを他のティラノ軍団と比較検討した結果、リトロナクスは晴れて一軍メンバー入りを果たします。

さらにここまでの発見と研究によって、一軍の構成メンバーに変化がありました（★は新メンバー）。

・ティラノサウルス（カナダ西部とアメリカ西部）
・タルボサウルス（モンゴル南部）
★ズケンティラヌス（中国）
・ダスプレトサウルス（アメリカ北西部とカナダ西部）
・アルバートサウルス（カナダ西部）
・ゴルゴサウルス（アメリカ西部とカナダ西部）

・リトロナクス（アメリカ南西部）
・テラトフォネウス（アメリカ南西部）
★ビスタヒエヴェルソル（アメリカ南西部）

まず、一軍メンバーだったモンゴルのアリオラムスは二軍落ち。それにかわって、これまで二軍メンバーだったビスタヒエヴェルソルが、一軍昇格を果たしました。また、2011年に中国で発見された大型スター、ズケンティラヌスも無事に一軍メンバー入りしています。

ここでわかったことは、一軍のなかでもスター軍団（ティラノサウルス、タルボサウルス、ズケンティラヌス）の脇を固めているのが、アメリカ南西部のメンバー（リトロナクス、ビスタヒエヴェルソル、テラトフォネウス）ばかりであるということ。

2011年にユタ州でテラトフォネウスが発見された際には、その南東400キロの地域に二軍のビスタヒエヴェルソルが棲んでいたことから、「一軍、二軍の交流戦が実現していたのだろうか……」などと妄想が膨らみましたが、どちらも一軍選手だったというわけです。

それだけではなく、リトロナクスら南西部軍団は、カナダとの国境付近の一軍メンバー（ゴルゴサウルス、アルバートサウルス、ダスプレトサウルス）よりも頭が前後に短くて幅が広く、少し頭骨が丸っこく目が前に向いている「進化したティラノサウルスの面構え（つらがまえ）」を備えていることがわかってきました。言いかえれば、南西部軍団はティラノサウルスらのスターメンバーに限りなく近いということです。

そして南西部軍団の中でも、リトロナクスはその特徴から、スター軍団に入る一歩手前の存在であることも判明しました。スター軍団の特徴として、目が前に向き、獲物との距離感をしっかり把握して襲っていたことがわかっていますが、このリトロナクスの目もスター軍団と同様に、前を向いていた可能性があったのです。

大陸の変化が、恐竜の進化にあたえた影響とは？

さて、『暴君恐竜の進化は、白亜紀後期の海面の上昇と下降を追跡する』という研究の面白いところはこれだけではありません。もう一度、論文のタイトルに注目してみてください。なぜか「海」という言葉が入っています。ティラノ軍団と海にはどのような関係があるのでしょうか？

まずは、アメリカの地理についておさらいしておきます。あるサイトに掲載されていた「アメリカ旅行人気都市ランキング」では、1位がニューヨーク、2位がハワイ、3位ラスベガス、4位オーランド、5位シカゴと続きます。ちなみに私のイチオシであるジャズの街、ニューオリンズは6位。綺麗なビーチのあるサンディエゴは7位です。シーフードが美味しいシアトルは17位、私がかつて暮らしていたオースティンは21位、アラモの砦があるサンアントニオは24位です。

アメリカの地図を広げて、これらの都市がどこにあるかチェックしてみてください。東海岸に位置する都市は、ニューヨークとオーランド。西海岸に位置するのは、シアトルとサンディエゴ。また、ミシシッピー川の河口にある町がニューオリンズです。そして、おそらく中学校の授業で習っているはずの、ロッキー山脈やアパラチア山脈、グレートプレーンズの場所も見つけてください。

アメリカ本土は、ミシシッピー川から西を西部、それより東を東部と表現します。そしてアパラチア山脈は、東海岸線沿いに連なる山脈で、いちばん高いところで2000メートルほどの、美しい丘陵地です。グレートプレーンズは、ロッキー山脈の東に広がる大平原で、ここには北アメリカ大陸の多くの恐竜化石産地があります。

このグレートプレーンズは、今でこそ大草原が広がるエリアですが、じつは恐竜時代は海でした。白亜紀の中頃から終わりにかけ、「西部内陸海路(Western Interior Seaway)」と呼ばれる浅い海が広がっていたのです。

この海は、北極海とメキシコ湾をつなぐもので、北アメリカ大陸を東西に分断していました。つまり、この時代の北アメリカ大陸は、西の大陸(ララミディア大陸)と東の大陸(アパラチア大陸)で構成されていたのです。
それを踏まえて、北米のティラノ軍団の生息地をもう一度見てみましょう。

二軍メンバー
・ストケソサウルス(アメリカ西部)
・ドリプトサウルス(アメリカ東部)
・アパラチオサウルス(アメリカ東部)

一軍メンバー
・リトロナクス(南西部)
・テラトフォネウス(アメリカ南西部)
・ビスタヒエヴェルソル(アメリカ南西部)
・ティラノサウルス(カナダ西部とアメリカ西部)
・ダスプレトサウルス(アメリカ北西部とカナダ西部)
・アルバートサウルス(カナダ西部)
・ゴルゴサウルス(アメリカ西部とカナダ西部)

こうしてならべてみると、二軍は主に東部、ストケソサウルス以外はアパラチア大陸で暮らしていたことがわかります。それが一軍になると、みんな西部のララミディア大陸で活躍しています。おまけにその生息エリアは、西部内陸海路に面する海岸線に集中していたようなのです。

さらにくわしく一軍メンバーの分布を見てみると、ララミディア大陸の中でも「北派」と「南派」に分かれていたことがわかります。

北派

・ダスプレトサウルス(アメリカ北西部とカナダ西部アルバータ州南部)
・アルバートサウルス(カナダ西部アルバータ州南部)
・ゴルゴサウルス(アメリカ西部とカナダ西部アルバータ州南部)

南派

・リトロナクス(アメリカ南西部ユタ州南部)
・テラトフォネウス(アメリカ南西部ユタ州南部)
・ビスタヒエヴェルソル(アメリカ南西部ニューメキシコ州北西部)

その両方

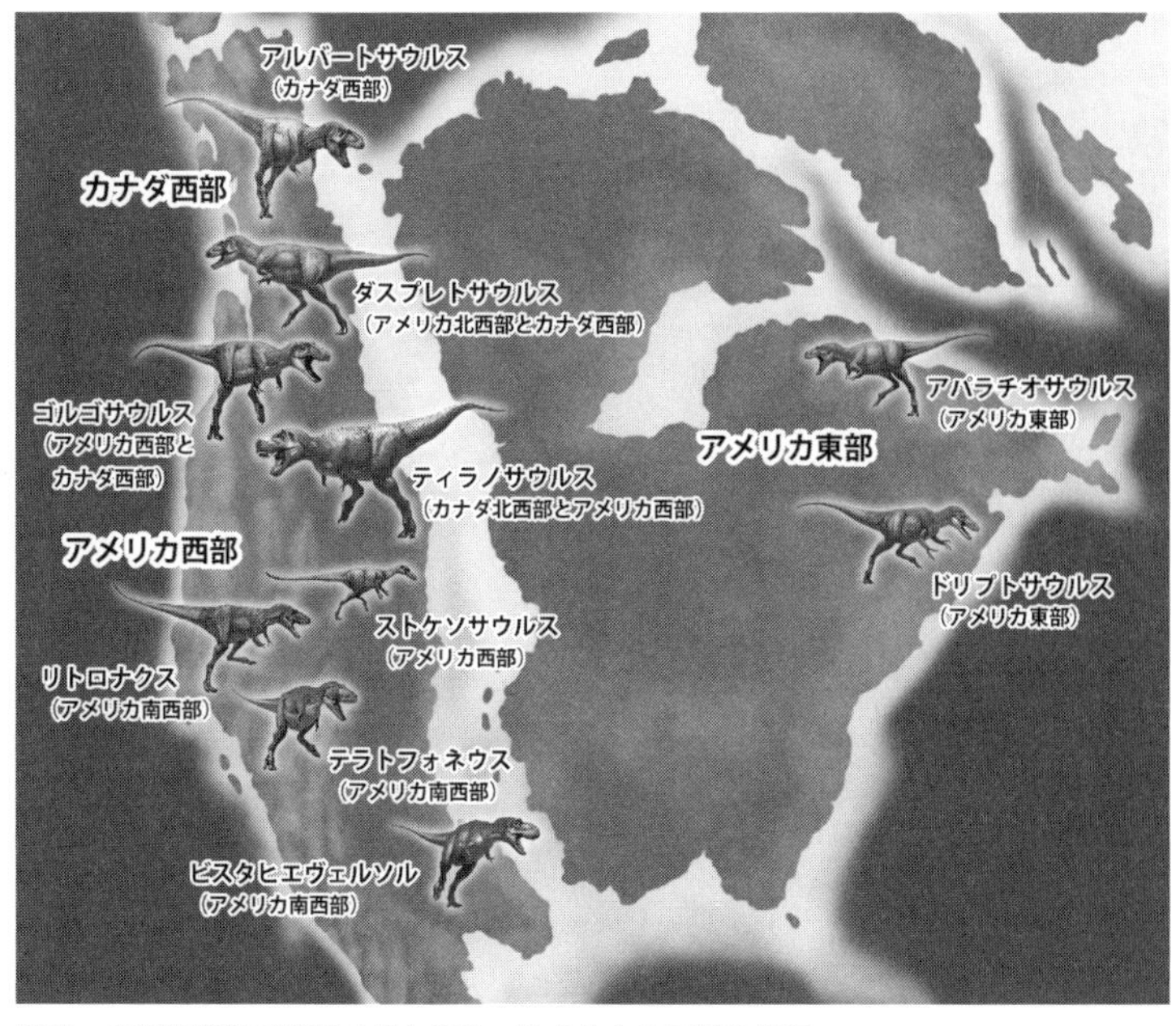

図7　白亜紀後期の北アメリカのティラノサウルス類の分布

・ティラノサウルス（カナダ西部とアメリカ西部）

さて、ここで今度は生息期間に注目してみましょう（論文によって年代は異なるので、ここではLoewen et al., 2013を参照）。リトロナクスは約8060万年前〜約7990万年前にあたるカンパニアン期中期の恐竜です。そして、他のティラノ軍団一軍のメンバーは次の通り。

・アルバートサウルス（約7200万年前〜約6800万年前）
・ゴルゴサウルス（約7700万年前〜約7500万年前）

・ダスプレトサウルス（約7800万年前〜約7700万年前）
・テラトフォネウス（約7700万年前〜約7600万年前）
・ビスタヒエヴェルソル（約7400万年前〜約7100万年前）
・ズケンティラヌス（約7500万年前〜約7400万年前）
・タルボサウルス（約7100万年前〜約6800万年前）
・ティラノサウルス（約6900万年前〜約6600万年前）

こうしてみると、これら一軍メンバーの登場で最も早いのはダスプレトサウルスの約7800万年前。リトロナクスの登場は約8060万年前です。つまり、リトロナクスの発見により、一軍の登場は、200万年以上も遡ることになったのです。

約1億年前、西部内陸海路が広がり、東部（アパラチア大陸）と西部（ララミディア大陸）が分断されました。リトロナクスが登場した時代も、西部内陸海路の海面が高かったことはわかっています。この時期の西部には、造山運動により、多くの盆地が存在していましたが、分断によって盆地間の交流が絶たれ、ティラノサウルスの仲間はさまざまな種に分かれ、多様化しました。

やがて西部内陸海路の海面が下がり、ティラノ軍団の一軍メンバーは、アパラチア大陸とララミディア大陸の間を自由に行き来できるようになったと、この論文の著者は考えています。これが、ティラノサウルスが西部の北から南へと広く分布し、さらに、西部からアジアまで移動するきっかけになったというのです。また、その際にアジアに移動して進化したのが、ズケンティラヌスとタルボサウルスだと考えられています。

カムイサウルスは北アメリカからやってきた!?

余談ですが、北海道で発掘された「世紀の大発見！　カムイサウルス・ジャポニクス」の祖先も、北アメリカからアジアへ渡ってきた種の一つであると私は考えています。ティラノ軍団スターメンバーのズケンティラヌスやタルボサウルスは、獲物となるエドモントサウルスやサウロロフス、カムイサウルスを追いかけて北アメリカからアジアにやってきたのかもしれません。

ともあれ、こうした地球環境の変化から、ティラノサウルスの

図８　カムイサウルス

進化にアプローチするのもまた、非常に興味深い視点ではないでしょうか。

8000キロの距離を超えた2種のストケソサウルス

ここまで、世界に分布しているティラノサウルスの仲間について解説してきました。進化の度合いから、その派生種を一軍、二軍、三軍に分け(ティラノサウルスはもちろん一軍です)、さらにそれぞれの生息時期やエリアを整理することで、ティラノ軍団の実態を追ってきたわけですが、ここで二軍メンバーについて復習しておきましょう。

【二軍メンバー】
ディロング(中国北東部)(白亜紀前期バレミアン期)
ユティラヌス(中国北東部)(白亜紀前期バレミアン期からアルビアン期)
シオングアンロング(中国西部)(白亜紀前期アルビアン期)
ラプトレックス(中国北西部? モンゴル?)(白亜紀前期バレミアン期からアプチアン期)
エオティラヌス(イギリス)(白亜紀前期バレミアン期)
ストケソサウルス(アメリカ西部とイギリス)(ジュラ紀後期チトニアン期)
ドリプトサウルス(アメリカ東部)(白亜紀後期マーストリヒチアン期)

アパラチオサウルス(アメリカ東部)(白亜紀後期カンパニアン期)

一軍になりきれなかった、つまりは進化の途中にあるティラノサウルスの仲間たちは、簡単に整理するとイギリス、アメリカ東部・西部、そして中国東北部・西部に生息していました。そして時代を見てみると、ストケソサウルスだけがジュラ紀で、あとはすべて白亜紀となっています。

そこで紹介したいのが、2013年に発表された『ヨーロッパと北米から発見されているジュラ期後期の獣脚類ティラノサウルス上科の分類』という論文です。この論文は、北アメリカとヨーロッパのジュラ紀後期の地層から発見された、「ストケソサウルス」に注目したものです。

ストケソサウルスには、2つの種がありました。一つは、ストケソサウルス・クレベランディと呼ばれるもので、アメリカのユタ州から発見されています。この現場は、クリーブランド・ロイド恐竜発掘現場と呼ばれる、世界的に有名な発掘スポットです。

もう一つは、イギリスのドーセット(ロンドンから西に200キロくらい)で発見されたストケソサウルス・ラングハミです。ユタ州とドーセットは大西洋で隔てられ、その距離はおよそ8000キロ。直行の路線の飛行機で10時間ほどの距離でしょうか。

つまり、ストケソサウルスという同じ名前の恐竜が、8000キロも離れた、しかも異なる大陸から見つかったことになります。これは一体どういうことでしょうか?

ストケソサウルス兄弟はなぜ生き別れたのか?

同じ名前で別の種ということは、わかりやすく言えば、兄弟がアメリカとイギリスに分かれて住んでいたということです。

そこで仮に、兄がストケソサウルス・クレベランディ(ユタ州)、弟がストケソサウルス・ラングハミ(ドーセット)であるとして、なぜ兄弟が生き別れになったのかを考えてみましょう。

可能性としては次の4パターンにしぼられます。

1. 兄弟がアメリカに住んでいて、弟がイギリスに引っ越した。
2. 兄弟がイギリスに住んでいて、兄がアメリカに引っ越した。
3. 兄弟はもともと別のところに住んでいて、兄がアメリカに、弟がイギリスに引っ越した。

図9　ストケソサウルス

4．もともとどちらにも兄弟が住んでいて、何らかの理由でアメリカの弟がいなくなり、イギリスの兄がいなくなった。

しかし、恐竜時代には船も飛行機もありませんから、1〜3の可能性を探る場合、ふつうに考えれば大西洋を渡ることは不可能です。

これについては、当時の大西洋はまだ開きはじめたばかりで、大陸のどこかにつながっているところがあり、陸棲動物の行き来ができたのではないかと考えられています。その証拠に、ジュラ紀後期の恐竜を見てみると、アメリカとヨーロッパでは、ストケソサウルスの他にも、近縁の恐竜がたくさん見つかっているのです。たとえば次の2種の獣脚類恐竜です。

・トルボサウルス（メガロサウルス科で全長10メートルほどの巨大な肉食恐竜）
・アロサウルス（アロサウルス科で全長10メートルほどの巨大な肉食恐竜）

いずれも凶暴な肉食恐竜で、北アメリカとヨーロッパ（ポルトガル）の両方で見つかっています。この2種にまじって、ティラノ軍団のストケソサウルスが競合していたわけです。ただ、ストケソサウルスは大きさが4メートルほどですから、彼らにかなうはずありません。

当時のティラノ軍団は、アロサウルスなどのスター肉食恐竜に圧倒されていたのです。

これらの肉食恐竜たちは、ジュラ紀後期の時代(またはそれよりも少し前)には、まだわずかにつながっていた大陸間を移動できたと考えられています。

山脈を越え、過酷な旅をしていた恐竜たち

ところで、大西洋がなかったその当時、ジュラ紀後期のニューヨークに住んでいるあなたが、日帰りで旅行に出かけるとしたら、最寄りの国はどこになるでしょう？　――じつはこれは、私がアメリカの大学にいたときに、地理のテストで出たひっかけ問題です。ヨーロッパの国を答えがちですが、正解はアフリカ大陸のモロッコの南に位置する、西サハラという国になります。フロリダ州のマイアミやオーランドに住んでいれば、最寄りはギニアになります。

これはどういうことかと言うと、もともと三畳紀後期までの超大陸パンゲアの時代には、アメリカ合衆国の東海岸は、アフリカ大陸のモロッコからギニアくらいの西海岸に接地していたのです。

ジュラ紀後期になって、大西洋ができ始めても、北アメリカからアフリカへ行くのは比較的簡単ですが、北アメリカからヨーロッパへ行こうと思うと、カナダの北東部にあるケベッ

ク州、ノバスコシア州、ニューブランズウィック州、ニューファンドランド・ラブラドール州のいずれかからヨーロッパへ入るか、さらに北のグリーンランドを経由してイギリスや北欧へ入るしかなかったのです。

長距離を移動するだけでも大変ですが、恐竜たちの時代には、さらに大きな障壁がありました。それは、北アメリカ大陸とヨーロッパの間に存在した大きな山脈(中央パンゲア山脈)です。この山脈があったのは三畳紀のことで、その名残(なごり)が現在のアメリカのアパラチア山脈になります。

ストケソサウルスたちが、北アメリカとヨーロッパを行き来していた時代(ジュラ紀後期)には、すでに大西洋ができはじめていたので、この山脈の影響はそれほどなかったのかもしれませんが、それにしてもこの〝山越え〟は重労働であったはずです。

それでも恐竜たちは、さまざまな危機や苦難に直面しながら、過酷な旅をしていたのでしょう。たとえばアロサウルスやステゴサウルスが闊歩(かっぽ)していた光景というのは、一般的にジュラ紀後期の北アメリカの話ですが、彼らが移動した結果、ヨーロッパでも似たような光景が広がっていました。大西洋がなかった時代でも、彼らは山脈や大きな川を越え、何千キロという距離を移動していたのですね。

じつは従兄弟関係だった2種のストケソサウルス

話を2013年の論文『ヨーロッパと北米から発見されているジュラ期後期の獣脚類ティラノサウルス上科の分類』に戻しましょう。

なぜストケソサウルス兄弟は、アメリカとイギリスに生き別れて暮らしていたのか？　その答えは、じつは両者は兄弟ではなく他人であったということになります。そのため、イギリスのストケソサウルスには「ジュラティラント」という新しい名前がつけられました。

だからといって、この兄と弟がまったく無関係かというと、そうではありません。いわば従兄弟（いとこ）のような関係で、ストケソサウルスとジュラティラント、そしてもう一つの二軍メンバー、エオティラヌスが同じ家系（クレード）に属していることが明らかになりました。

しかも、同じ家系の3つの恐竜のうち、同じイギリスのジュラティラントとエオティラヌスがより近い関係だ

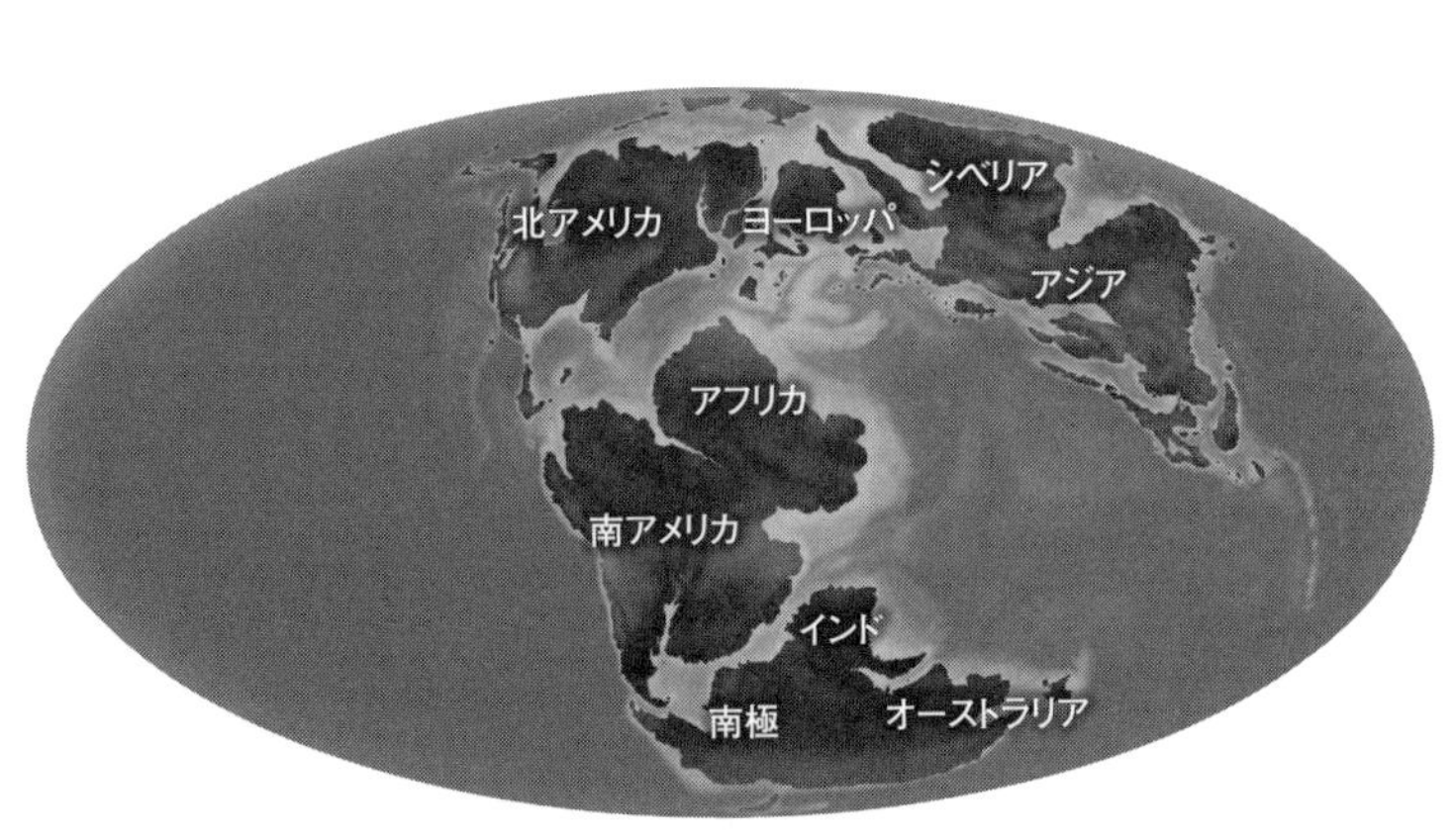

図10　ジュラ紀後期の大陸配置
Ronald Blakey（Norhtern Arizona University）の古地理図を参考に作成

ということもわかりました。この家系はのちに、「ストケソサウルス科」と呼ばれるようになります。

おまけに、ヨーロッパに棲んでいたティラノ軍団の二軍は、ジュラティラントとエオティラヌスの2種だけではありません。アビアティラニスという恐竜がポルトガルに棲んでいたことが、この論文でも紹介されています。

とはいえ、アビアティラニスについては、まだわからないことが多いのが実情です。見つかっている化石が腰の骨(腸骨と坐骨)だけであり、一軍でないことだけは確定的なものの、ティラノ軍団のどこに属すべきか判然としないためです。

しかしここでは、このアビアティラニスは二軍に属する種であると仮定します。そうなると、ここまでの二軍メンバーは次の通りになります。

ディロング(中国北東部)(白亜紀前期バレミアン期)

図11　ジュラティラント

ユティラヌス(中国北東部)(白亜紀前期バレミアン期からアルビアン期)
シオングアンロング(中国西部)(白亜紀前期アルビアン期)
ラプトレックス(中国北西部? モンゴル?)(白亜紀前期バレミアン期からアプチアン期)
ドリプトサウルス(アメリカ東部)(白亜紀後期マーストリヒチアン期)
アパラチオサウルス(アメリカ東部)(白亜紀後期カンパニアン期)
ストケソサウルス(アメリカ西部とイギリス)(ジュラ紀後期チトニアン期)
ジュラティラント(イギリス)(ジュラ紀後期チトニアン期)
エオティラヌス(イギリス)(白亜紀前期バレミアン期)
アビアティラニス(ポルトガル)(ジュラ紀後期キンメリッジアン期)

図12　アビアティラニス

なお、後の論文では、ストケソサウルス科にストケソサウルス、ジュラティラント、エオティラヌスがふくまれるとされています。アビアティラニスとこれまで紹介されていないタニコラグレウス（アメリカ西部／ジュラ紀後期オックスフォーディアン期からチトニアン期）もこの科にふくまれる可能性が示されました。

恐竜は越冬できたのか？　ティラノ界の「小さな巨人」が登場

さて、2014年は、私にとって特別な年でした。この年、新たに2種がティラノ軍団の新メンバーとして加入していますが、どちらも私の研究仲間による発表であったからです。

その一つ、アメリカ・アラスカ州から発見されたナヌクサウルス・ホグルンディ *Nanuqsaurus hoglundi* について少しご紹介しましょう。これは「地球の果てで発見された、新しい小さなティラノサウルス」として話題になりました。

ナヌク「*nanuq*」とは、アラスカ州北部に居住する先住民族イヌピアの人たちが話すイヌピアック語で《ホッキョクグマ》という意味で、「*saurus*」は《トカゲ》のこと。つまり、《ホッキョクグマトカゲ》という意味になります。

私は2007年からこのアラスカで調査をしていますが、その調査を一緒におこなっているアンソニー・フィオリロ博士らが、ナヌクサウルス・ホグルンディの名づけ親です。

時代は約6900万年前の白亜紀の終わり(マーストリヒチアン期)。出土したのは、頭の一部(上顎骨、前頭骨、頭頂骨、外側蝶形骨、歯骨、歯)の化石でした。そして出土した場所がとんでもないところだったのです。

まず、アラスカ州が具体的にどのあたりに位置する地域か、みなさんはピンとくるでしょうか? アラスカはカナダの西側に位置し、ロシアからベーリング海峡を挟んで東にある大きな州です。面積にして北海道の約18倍、日本の4倍に相当します。

アラスカのノーススロープという地域を南北に流れるサッグ川に平行して、西へ100キロほど離れたところにコルビル川が南北に流れています。ナヌクサウルスはこのエリアで発見されました。ブルックス山脈よりも北で、むしろ北極海に近いエリア。つまりナヌクサウルスは極限の環境に棲んでいた恐竜なのです。北限も北限、これ以上ないくらい北の果てに恐竜が棲んでいたのですから、これは

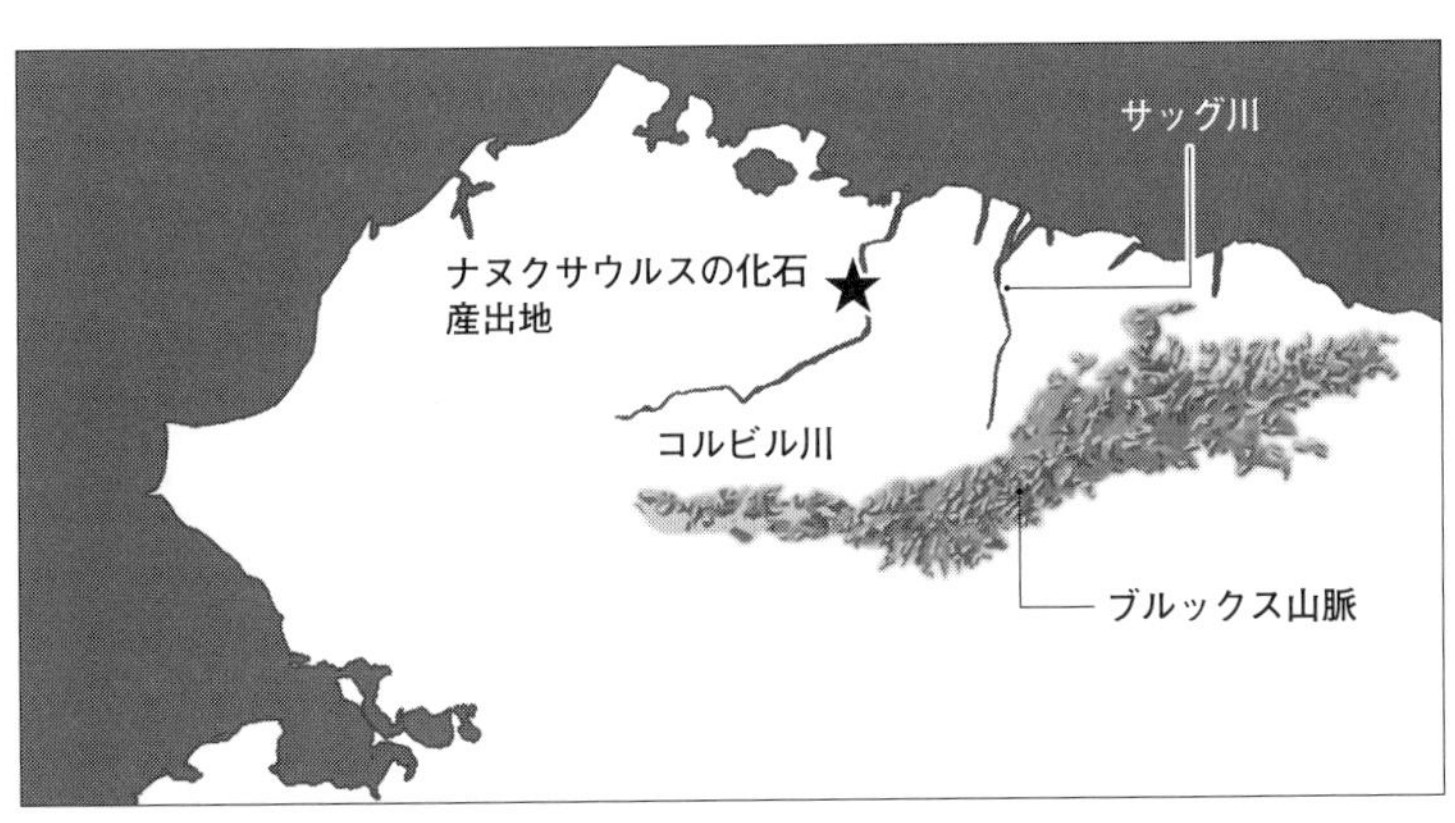

図13　アラスカ、ノーススロープの地図

興味深い発見です。

ナヌクサウルスが大きく進化しなかったワケ

ちなみにこのノーススロープでは、他にも次のような恐竜が発見されています。

- パキリノサウルス
- エドモントサウルス
- トロオドン
- ドロマエオサウルスの仲間

これらはいずれも、カナダ南部やアメリカ西部からも見つかっている恐竜です。

私やフィオリロ博士は、アラスカ州の恐竜調査で、「恐竜の極限環境への適応」について研究していますが、テーマの一つには、「恐竜は越冬できたのか？」という大きな問いがあります。

ある研究者は、「ノーススロープの恐竜たちは、夏にアラスカに来て、冬になったら南下して暖かいところで過ごしたのではないか」ということを言いますが、これはとんでもないお話。「だったら一度、アラスカを縦断してその広さを確かめてみろ」と言いたくなります。

毎年の調査では、行き帰りの2回、大きな川を渡って高くそびえ立つ山脈を越えることになります。車を使っても一苦労なのに、恐竜たちがそれほど危険な長旅を頻繁におこなっていたとは、とても考えられません。

こうした「恐竜が季節ごとに移動した」という考えは、トナカイが1シーズンで数千キロ移動する事実を参考にしているようですが、トナカイは決して一度に何千キロも移動しているわけではなく、1シーズンの総移動距離が数千キロであるに過ぎません。一度でもアラスカの大きさと厳しさを体感したら、このような仮説はまず出てこないはずです。ナヌクサウルスは、厳しい冬場もこの地で耐え抜いていたと考えるべきでしょう。

ナヌクサウルスはこの研究で、めでたくティラノ軍団の一軍入りが確定しています。ナヌクサウルスの標本は3つの骨の塊〈上顎〈上顎骨〉の一部、下顎〈歯骨〉の一部、頭の上の部分の骨〈前頭骨、頭頂骨、外側蝶形骨〉〉しか残されていません。その上顎には、ティラノサウルスやタルボサウルスといった恐竜に見られる窪みがあったため、ナヌクサウルスは一軍のメンバーだと考えられました。それも、ティラノサウルス、タルボサウルス、ズケンティラヌスに近い一軍です。しかし、このナヌクサウルスは他の一軍メンバーよりもずっと小さく、全長が5メートルほどしかありませんでした。

なぜ、ナヌクサウルスは大きく進化できなかったのか？　その理由は、ノーススロープの厳しい環境にあったのかもしれません。私自身、アラスカで体験していることですが、アラスカの夏至は太陽が沈みません。その反面、冬至が近づくと太陽が昇りません。限られた日照時間では、生える植物もそれを食べる植物食恐竜も限られてしまうため、深刻な食料難に見舞われます。さらに、冬には川や湖も凍ってしまい、飲み水の確保もままならなかったはず。このような厳しい環境が、小さな巨人・ナヌクサウルスを生み出した要因であると考えられます。

もちろん、それも今はまだ仮説の一つに過ぎません。今後の調査・研究で、さらなる真実が明らかになっていくかもしれません。

さて、こんな厳しい環境でもブルックス山脈の北のノーススロープに恐竜が棲んでいたことがわかりました。それでは、山脈の南はどうでしょうか。そこで、私も研究しているデナリ国立公園の恐竜が登場します。この公園では、足跡化石しか発見されていませんが、ナヌクサウルスと同じ時代の地層が出ています。その地層からは、ノーススロープから出ている恐竜たちの足跡が発見されています。しかも、おそらく同じ種類のもののようです。つまり、恐竜時代のアラスカでは、長い時間をかけて、あのブルックス山脈を越えて北から南へ、南から北へと移動していったということがわかったのです。長い距離に、厳しい地形を

エドモントサウルス・レガリス
ドロマエオサウルスの仲間
ナヌクサウルス

図14　ナヌクサウルスとアラスカの恐竜たち

乗り越えてくるなんて、恐竜ってすごい生き物ですね。

ティラノ軍団の分類を刷新する発見！ 長い鼻づらの「ピノキオ・レックス」

２０１４年、私の親友でもあるル・ジュンチャン博士が、『アジアの白亜紀後期の長吻の ティラノサウルス科という新しいクレード』と題した論文を発表しました。クレードとは共通の祖先を持つ生物の分類群のことで、この論文は、烏龍茶で有名な中国・福建省の西にある、江西省という場所で発見された「ピノキオ・レックス」についてまとめたものです。

ピノキオ・レックスとはユニークなニックネームですが、その名の通り長い鼻づら(吻部)を持っているのが特徴。時代は白亜紀後期マーストリヒチアン期です。

ここで、ピノキオ・レックスの話をする前に思い出してほしいのが、36ページでご紹介した、モンゴルのアリオラムスです。２０１０年の段階ではティラノ軍団一軍メンバーだったのに、２０１３年のリトロナクスに関する論文によって二軍落ちしてしまった哀しい恐竜です。

このアリオラムスは同じモンゴルのスター軍団、タルボサウルスと同じ時代、同じ場所に棲んでいたようで、今日までにアリオラムス・レモッツスとアリオラムス・アルタイの2種が発見されています。ところが、スターと同じ時代に生息しながら、ほとんど注目されてこなかったのはなぜか？

理由はおそらく、発見されている化石の数でしょう。2種も見つかっているとはいえ、標本の数はたったの2つ。私もモンゴルで20年以上にわたって調査をおこなってきましたが、アリオラムスの骨を見つけたことは一度もありません。ティラノ軍団の化石が数多く見つかっているエリアですから、これでは影が薄いのもしかたがないでしょう。

また、タルボサウルスに比べてアリオラムスの影が薄いもう一つの理由として、外見がいかにも「弱そう」なことも大きいかもしれません。タルボサウルスがティラノサウルスと区別がつかないほどがっしりしているのに対し、アリオラムスはどこかひ弱に見えます。これも面長なせいかもしれません。

アリオラムスがこうした独特の外見をしている理由は、同時期・同地域に生息したタルボサウルスとけんかにならないように、異なる獲物を襲って食べていたためと推測できます。つまり、生き延びるために必要な棲み分けをしていたのでしょう。

ただし、発見されたアリオラムスの標本はどちらも、大人に

図15　アリオラムス

なる前の亜成体であると主張する研究者も存在します。たとえばアリオラムス・アルタイの体重はたったの369キロしかありません。そのため、これはタルボサウルスの子どもではないかと考える人もいるほどです。子どもだから面長に見えるだけで、成長すれば立派なタルボサウルスになるという考え方です。もし本当にそうなら、そもそもアリオラムスという恐竜は存在していないことになります。

そうした議論がおこなわれるなか、モンゴルのゴビ砂漠から2000キロほども離れた中国・江西省で、「ピノキオ・レックス」ことキアンゾウサウルスが見つかりました。しかも、時代はタルボサウルスやアリオラムスと同じマーストリヒチアン期です。

アリオラムスが亜成体ではない確たる証拠

この時代の江西省には、全長20メートルくらいの巨大な竜脚類ガンナンサウルスや、多くのオヴィラプトロサウルス類(バンジ、ガンジョウサウルス、ジアングシサウルス、ナンカンギア)が棲んでいました。

発見されたキアンゾウサウルスは、たくさんのパーツが見つかっている「全身骨格」でした。頭骨も非常に保存状態がよく、面長なフォルムがよくわかります。

他のティラノ軍団一軍メンバーは、吻部(鼻先から眼までの長さ)が頭骨全体の6割くらいであるのに対し、キアンゾウサウルスは7割もあります。同じ大きさのタルボサウルスと比べると、吻部が35%も長い計算になります。面長の度合いは、あのアリオラムスに匹敵します。

アリオラムスはタルボサウルスの亜成体であるという仮説に対し、キアンゾウサウルスはほぼ成体で、体重も倍以上の757キロありました。「面長＝亜成体」という考えを払拭するには十分なもので、面長のティラノ軍団が存在していたことを示す、まぎれもない証拠となりました。

ちなみにもう一つ面白い特徴として、キアンゾウサウルスとアリオラムスはいずれも前後に長い鼻骨を吻部の上に持ち、鼻骨の表面がゴツゴツしていました。他のティラノ軍団にも、目の周りの骨(涙骨、後眼窩骨、頬骨)に角状の突起やイボ状の突起を持つものが少なくありません。

じつは、これらはすべて、「おしゃれ」のためだと考えられています。メスにアピールするための飾りやコミュニケーションをとるための道具として役立ったとされ、キアンゾウサウルス

図16　キアンゾウサウルス

とアリオラムスにしか見られない鼻骨のゴツゴツもまた、彼ら独特のおしゃれだったのかもしれません。

さて、この研究でもティラノ軍団のメンバー選定(系統解析)がおこなわれています。その結果をまとめると次の通り。

・キアンゾウサウルスは一軍メンバー入り
・アリオラムスも一軍メンバーに復帰
・キアンゾウサウルスとアリオラムスは一軍の中でも独自の面長グループに属し、それをアリオラムス類と呼ぶ
・ビスタヒエヴェルソルは二軍落ち

そしてこの研究で、ティラノ軍団の一軍メンバーは、さらに3つのグループに分けられることがわかりました。

一軍メンバー
スターメンバーとその予備軍

・ティラノサウルス（スターメンバー）
・タルボサウルス（スターメンバー）
・ダスプレトサウルス（スター予備軍）
・テラトフォネウス（スター予備軍）

面長の一軍メンバー（アリオラムス類）
・アリオラムス
・キアンゾウサウルス

カナダの「スリム」メンバー（アルバートサウルス亜科）
・アルバートサウルス
・ゴルゴサウルス

これまで知られていなかった「面長メンバー」がティラノ軍団の一軍に登場したことは、この研究の大きな成果といえるでしょう。

お気づきの方もいらっしゃると思いますが、このリストには、リトロナクスやナヌクサウルスが入っていません。研究者によって、メンバーの選定基準が異なっているのです。いま現在も、すべての研究者が一つの確定的な基準を支持しているわけではなく、それが恐竜研究の難しいところの一つとなっています。

最新のティラノ軍団のメンバー一覧

このティラノ軍団の紹介は、2010年に発表された論文『ティラノサウルス類の古生物学』からスタートしました。

さらにその6年後、同じ研究者が、それまでバラバラだったティラノ軍団のメンバー選定基準を統一することを、論文のなかで提案しています。2016年に発表されたその論文のタイトルは、『ティラノサウルス上科の系統と進化史』でした。

6年間で何が変わったのか、リスト化してみましょう(★は新メンバー)。

【一軍メンバー(ティラノサウルス科)】
ティラノサウルス(スター／ティラノサウルス亜科)
★ズケンティラヌス(スター／ティラノサウルス亜科)
タルボサウルス(スター／ティラノサウルス亜科)

ダスプレトサウルス（スター予備軍／ティラノサウルス亜科）
★リトロナクス（スター予備軍／ティラノサウルス亜科）
★ナヌクサウルス（スター予備軍／ティラノサウルス亜科）
★テラトフォネウス（スター予備軍／ティラノサウルス亜科）
アリオラムス（面長メンバー／アリオラムス族・ティラノサウルス亜科）
★キアンゾウサウルス（面長メンバー／アリオラムス族・ティラノサウルス亜科）
アルバートサウルス（スマートメンバー／アルバートサウルス亜科）
ゴルゴサウルス（スマートメンバー／アルバートサウルス亜科）

【二軍メンバー】
ビスタヒエヴェルソル
アパラチオサウルス
ラプトレックス
ドリプトサウルス
シオングアンロング
エオティラヌス（ストケソサウルス科）

ストケソサウルス(ストケソサウルス科)
★ジュラティラント(ストケソサウルス科)
ディロング

【三軍メンバー(プロケラトサウルス科)】
キレスクス
グアンロング
プロケラトサウルス
シノティラヌス
★ユティラヌス
2010年との違いがいくつかあります。たとえば、二軍のジュラティラントとストケソサウルスとエオティラヌスが一つのグループ(ストケソサウルス科)を作っていること。また、アリオラムスとキアンゾウサウルスがあごの細長い面長グループを作っていることです。

ティラノ軍団の進化と体の大きさ

ここで、ティラノ軍団の進化の過程における、体の大きさを比べてみましょう。全体的に三軍から二軍、二軍から一軍にかけて大きくなっていきますが、例外があります。三軍に所属しているユティラヌスとシノティラヌスです。彼らは全長8メートルから9メートル、体重1・5トンと大きな体を持っていました。

ただし、ユティラヌスやシノティラヌスは、一軍スターのようにがっしりした頭をしていませんでした。あごは小さく、歯も薄いものでした。また、一軍スターは前あしの指が2本ですが、ユティラヌスは3本。さらに、一軍スターは目のまわりの骨に飾りがありますが、ユティラヌスにはそれはなく、そのかわりに頭の鼻すじに半月状のトサカがありました。

ここからわかることは、ティラノ軍団の巨大化は三軍のときに一度起きましたが、その後は一軍になるまで本当の巨大化は起きなかったということです。

また、ティラノ軍団一軍メンバーの北アメリカ大陸とアジア大陸の移動については、2013年にまとめられた、ティラノ軍団の進化と移動について書かれた論文で、「ティラノ軍団一軍は北アメリカのララミディア大陸の西岸で進化し、その後、海面が下がって低地が広がるにつれて分布を広げ、最終的にアジアに渡った」というストーリーが紹介されていました。つまり、北アメリカ大陸からアジア大陸の移動は1回だけだったという、非常にすっきりしたストーリーです。

しかし、2016年の研究では、ティラノ軍団一軍メンバーの移動は1回だけではなく、何度か大陸を移動していたし、ララミディア大陸の中でも北や南へ行ったり来たりしていたのではないかといわれています。しかも、その移動と海面の上下動は無関係で、約8000万年前以前に面長メンバーが北アメリカ大陸からアジア大陸へ一度移動し、続いて約7350万年前までに一軍メンバーが再度アジア大陸へ移動。その後、アジアへ行った一軍メンバーの中からスターメンバーが誕生し、北アメリカ大陸にもどってティラノサウルス・レックスに進化したというのです。これが事実なら、ずいぶん複雑な移動をしていたことになります。

ただし、この論文は化石の少なさを課題として伝えてもいます。以前にも紹介しましたが、ティラノサウルスの歴史の中には、二軍の失踪(化石が見つかっていないこと)が2度ありました。とくに白亜紀中頃の失踪は意味が大きく、ティラノ軍団繁栄の鍵をにぎっているはずなのに、化石がほとんどないため研究が進んでいません。

とはいっても、これから恐竜研究者を目指す人たちには朗報かもしれませんね。まだまだ見つけなければいけない化石はたくさんあるのですから!

巨大な砂漠で見つかった「ティムルレンギア・エウオチカ」

ところで、前述したようにティラノ軍団二軍メンバーは、白亜紀セノマニアン期の初めから白亜紀サントニアン期の終わりにかけ、2度目の失踪をしています。これを専門家の間では「白亜紀中頃のティラノサウルス類のギャップ」と呼びます。

このギャップを終えてカンパニアン期に入ると、再びティラノ軍団があらわれます。この2000万年の間には、いったい何が起こっていたのでしょうか？　――答えをいってしまうと、特別に何かが起こっていたわけではなく、ただ見つかっている化石が少ないだけなのです。

ウズベキスタン中央部には、大きなキジルクム砂漠が広がっています。キジルクム砂漠の面積は、北海道の4倍弱。この砂漠で、新たなティラノサウルスの仲間が見つかりました。時代は、「白亜紀中頃のティラノサウルス類のギャップ」真っ只中のチューロニアン期中期から後期。見つかった骨は、頭の骨の一部、首の骨の一部、背骨の一部、尻尾の骨の一部、前あしと後ろあしの指の一部といったところです。一見、全身の骨が見つかっているようですが、じつは、これらは一つの個体のものではありません。キジルクム砂漠の調査地になったポイントには、どこから流されてきて集まったのかもわからないほど、ばらばらと多くの骨が落ちていたそうです。

それでも、頭骨の脳が入っていた部位の一部に、他のティラノ軍団にはない固有の特徴が確認されたことから、それが新しい恐竜のものであると結論づけられました。その名は「ティムルレンギア・エウオチカ」。

「ティムルレング」とは、14世紀に中央アジアから西アジアにかけてティムール朝という帝国を建国したティムール大帝にちなんでいます。そして「エウオチカ」は《耳が発達した》という意味です。

大きさは中国のシオングアンロングと同じくらいで、全長3〜4メートル、体重170〜270キロと、大きいものではありません。この場所からはティムルレンギアらしい骨がたくさん見つかっているものの、他はすべてこれより小さいため、見つかったティムルレンギアは成体であると考えられています。

ティムルレンギアが示す進化の面白さ

さて、研究の結果このティムルレンギアは、二軍に属することが決まりました。この論文には「やっとギャップからティラノ軍団が見つかった！」といったことが書かれていますが、じつは中国とモンゴルからはアレクトロサウルスというこの時代のティラノ軍団がすでに発見されているので、個人的には少しモヤモヤしています。

それはともかく、これまでの発見では、ギャップの前と後ではティラノ軍団の体の大きさが異なっていました。ギャップの前は馬程度の大きさだったのに、ギャップの後はリトロナクスやゴルゴサウルス(どちらも8メートル、2・5トン程度)など、大きなものが見つかっているのです。巨大化がギャップの間に起こっていると考えられているのはそのためです。

ところが、今回のティムルレンギアはギャップ前の大きさに近いものでした。つまり、この発見は、ギャップの間に巨大化が起こった証拠にはならないわけです。では、ティムルレンギアがなぜ大きくなれなかったかというと、ギャップの時代にはギャップ前と同じように、アロサウルスの仲間など、他の大型肉食恐竜がさかえていたためでしょう。

そのかわりに興味深いのが、頭骨の脳が入っていた部分の特徴です。ティムルレンギアには、ティラノ軍団一軍にしか見られなかった脳や聴覚の発達が確認できるのです(これが

図17　ティムルレンギア

「発達した耳」と名づけられた理由)。とりわけ蝸牛管(聴覚を司る感覚器官)が長いというのはおもしろい特徴で、ここが長いということは、波長の低い音を聞くことができ、より遠くの獲物の存在を知ることができる、ハンターとして高い能力を持っていたと推察できます。

もっとも、ティムルレンギアはハンターというには体が小さく、他の肉食恐竜におびえながら暮らしていた可能性が濃厚です。王者になれる武器を持っていながら、そうはなれなかった存在といえるでしょう。

しかし、ティムルレンギアの特徴は、進化はまず頭で起きるということを表しています。そして、その後に体の進化がついてくるという、進化のプロセスを我々に示してくれたという点で、ティムルレンギアは、じつにおもしろい存在なのです。

南半球にも存在していたかもしれないティラノ軍団

ここまでティラノ軍団の進化は、すべて北半球で展開されてきた前提で解説してきました。しかし、近年の研究により、その限りではないことが明らかになっています。

南半球の一角、ブラジルにはサンタナ層群があり、その中のロムアルド層という白亜紀前期アルビアン期の地層から、たくさんの美しい化石が見つかっています。そしてこのロムアルド層が露出するアラリペ盆地は、中国の遼寧省やドイツのゾルンホーフェンとならんで、翼竜化石がたくさん見つかる場所としても有名です。

　ここで発見されたサンタナラプトルという全長1メートルほどの恐竜(1999年記載)は、当初は肉食恐竜と認識されただけで、くわしくはわかっていませんでした。しかし、非常に保存状態がよく、皮膚や筋肉、血管が残っている化石として、サンタナラプトルは注目を集めていました。このサンタナラプトルが近年、じつはティラノ軍団の一員ではないかと見直されるようになったのです。

　再検討の対象となったのは、ブラジルで発見されたサンタナラプトルと、オーストラリアで大腿骨と腸骨が発見されたティィミムスの2種。この2種に対し、3つの判断基準を使った6通りの分析がおこなわれました。細かいことは割愛します

図18　サンタナラプトル(上)、ティミムス(下)

が、オーストラリアのティミムスについては「ティラノ軍団の可能性あり」、ブラジルのサンタナラプトルについては「ティラノ軍団入りと考えていいのでは？」というのが、おおよその結論です。

ティミムスに関しては、大腿骨と腸骨だけでは情報が少なすぎるため、こうした曖昧な形で着地しています。

いっぽうのサンタナラプトルは、腰の骨、後ろあし、尾が保存されていて、情報が比較的多かったことが幸いしたのでしょう。晴れてティラノ軍団入りを果たします。そしてこのサンタナラプトルが二軍メンバーであると結論づけられたことから、ティミムスも同等の存在である可能性があるとされています。

この研究がおもしろいのはここからです。サンタナラプトルは二軍の中でも、「一軍から遠めに位置する二軍」と位置づけられました。つまりティラノ軍団は、「三軍→一軍から遠い二軍→一軍に近い二軍→一軍」と分類されたわけです。

ブラジルのサンタナラプトル、オーストラリアのティミムスの「一軍から遠い二軍メンバー」は南半球に生きていましたが、決して大きな恐竜ではありませんでした。南半球では白亜紀前期からその中頃までは、巨大な肉食恐竜カルカロドントサウルス科や、スピノサウルス科が生態系の頂点を支配していました。また、それらが絶滅した後にはアベリサウルス科が登場したため、ティラノ軍団は大きくなれなかったのでしょう。

パンティラノサウルス類

さらに整理すると、ティラノ軍団(ティラノサウルス上科)は大きく2つに分類されています。「三軍」と「二軍以上」という区分けです。三軍はプロケラトサウルス科を意味し、一軍をふくめた二軍以上の種は、パンティラノサウルス類と名づけられました。

パン(pan)とは「全、総、汎」という意味で、つまりは世界中に存在したものであることを意味しています。この分類はつまり、三軍メンバーと定義されたティラノ軍団はヨーロッパとアジアに生息し、二軍に上がったティラノ軍団は「世界を目指すぞ！」と生息範囲を広げていったという考え方に基づいています。

それにしても、ヨーロッパに棲んでいたジュラティラントやエオティラヌス、アメリカに棲んだストケソサウルス、アジアのディロング、オーストラリアのティミムス、そして南アメリカのサンタナラプトル。ティラノ軍団は、どうやって大陸から大陸へ渡っていったのでしょうか？

さて、ここではサンタナラプトルとティミムスが、ティラノサウルス類である可能性があると話を展開しましたが、他の研究によると、ティミムスやサンタナラプトルはティラノ軍団ではないという考えもあります。ティミムスは、大腿骨一本のみで、もっと多くの骨化石の発見がされなければいけないとし、サンタナラプトルのティラノサウルス類の特徴とされている多くは、大腿骨の根元(近位部)ですが、この部分はあまり保存が良くなく、確認が難しいことにくわえて、他の骨を見ると南米からたくさん発見されているアベリサウルス科に似た特徴がサンタナラプトルに見られるそうです。したがって、ティミムスとサンタナラプトルがティラノサウルス類であるという結論は、追加のもっと良好な標本が見つかるまでは保留という意見です。

自らの足で世界中に分布したティラノ軍団

パンティラノサウルス類の祖先は、ジュラ紀中期(バッジョシアン期からバトニアン期・約1億7030万年前〜約1億6610万年前)に出現し、それから世界に広がっていったと考えられます。かつてはアメリカ大陸とヨーロッパ

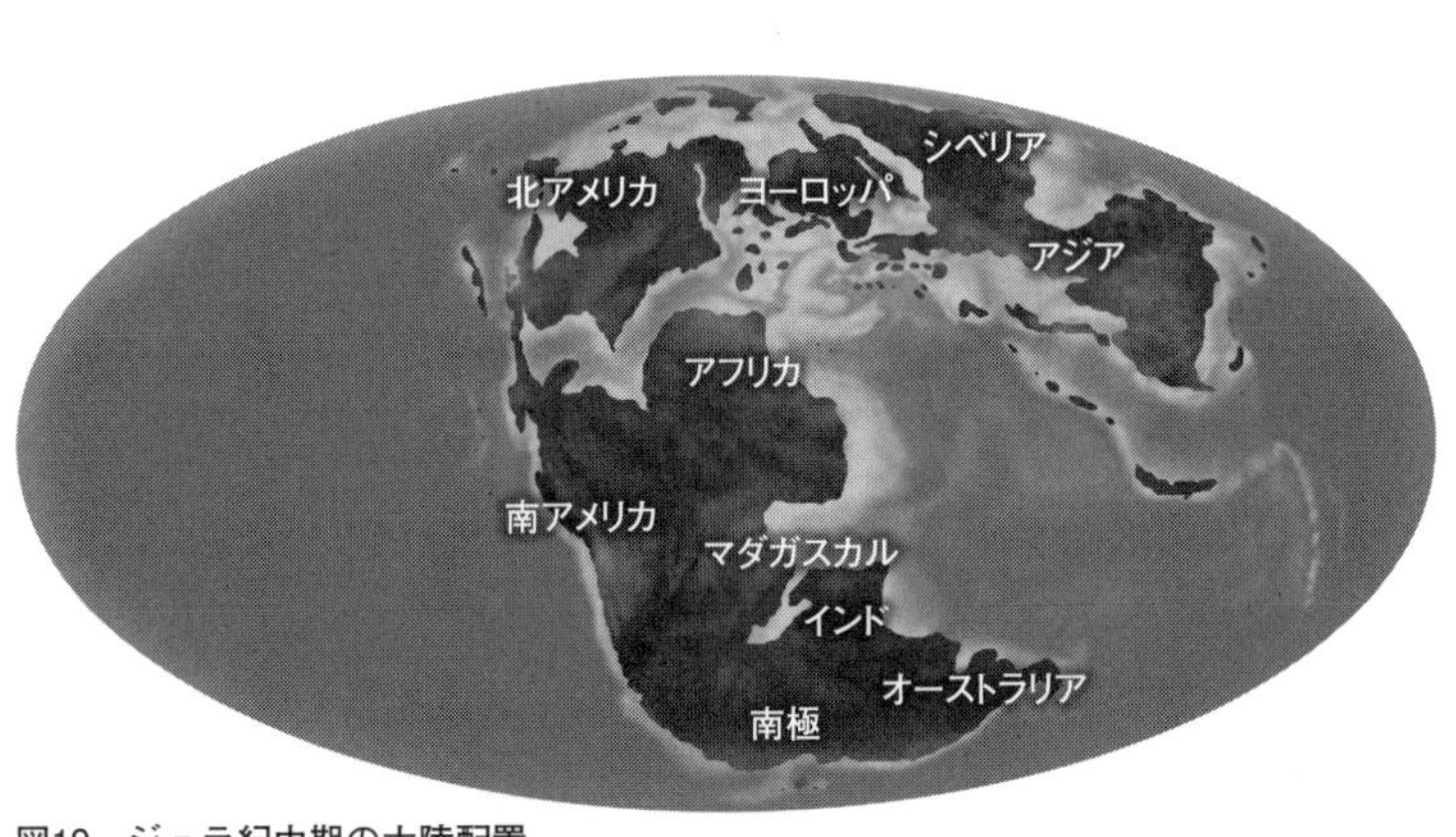

図19　ジュラ紀中期の大陸配置
Ronald Blakey(Norhtern Arizona University)の古地理図を参考に作成

大陸が今よりも接近していただけでなく、他の大陸も接近していたのです。

現在の北アメリカ大陸の南にはメキシコ湾がありますが、ジュラ紀にはそれはなく、南アメリカ大陸が隣接していました。そして南北のアメリカ大陸の東岸には、アフリカ大陸が隣接。現在のアフリカ大陸の東にはマダガスカル島がありますが、これはアフリカの東にくっついていました。

さらに、そのマダガスカルの東にはインド亜大陸が隣接し、インド亜大陸の東には南極大陸、南極大陸の北にはオーストラリア大陸がくっついていたことがわかっています。つまり、理論的にはティラノ軍団も自らの足で、これらの大陸を行き来できたと考えられるのです。さらに、もしティミムスがティラノ軍団だとすると、インド、南極を渡って、オーストラリアまで辿り着いていたことになると考えられます。

今のところアフリカ大陸や南極大陸、インド亜大陸ではティラノ軍団は見つかっていませんが、もしかすると将来発見される可能性もあります。これは非常に興味深いテーマです。

こうして世界的に分布を広げたパンティラノサウルス類はその後、進化して一軍に近い二軍、つまり一軍予備軍になると、分布をアジア大陸と北アメリカ大陸に限定し、同時に大型化を始めます。

パンティラノサウルス類のなかでも、この一軍予備軍と一軍を合わせたグループを、「エ

図20　ティラノ軍団

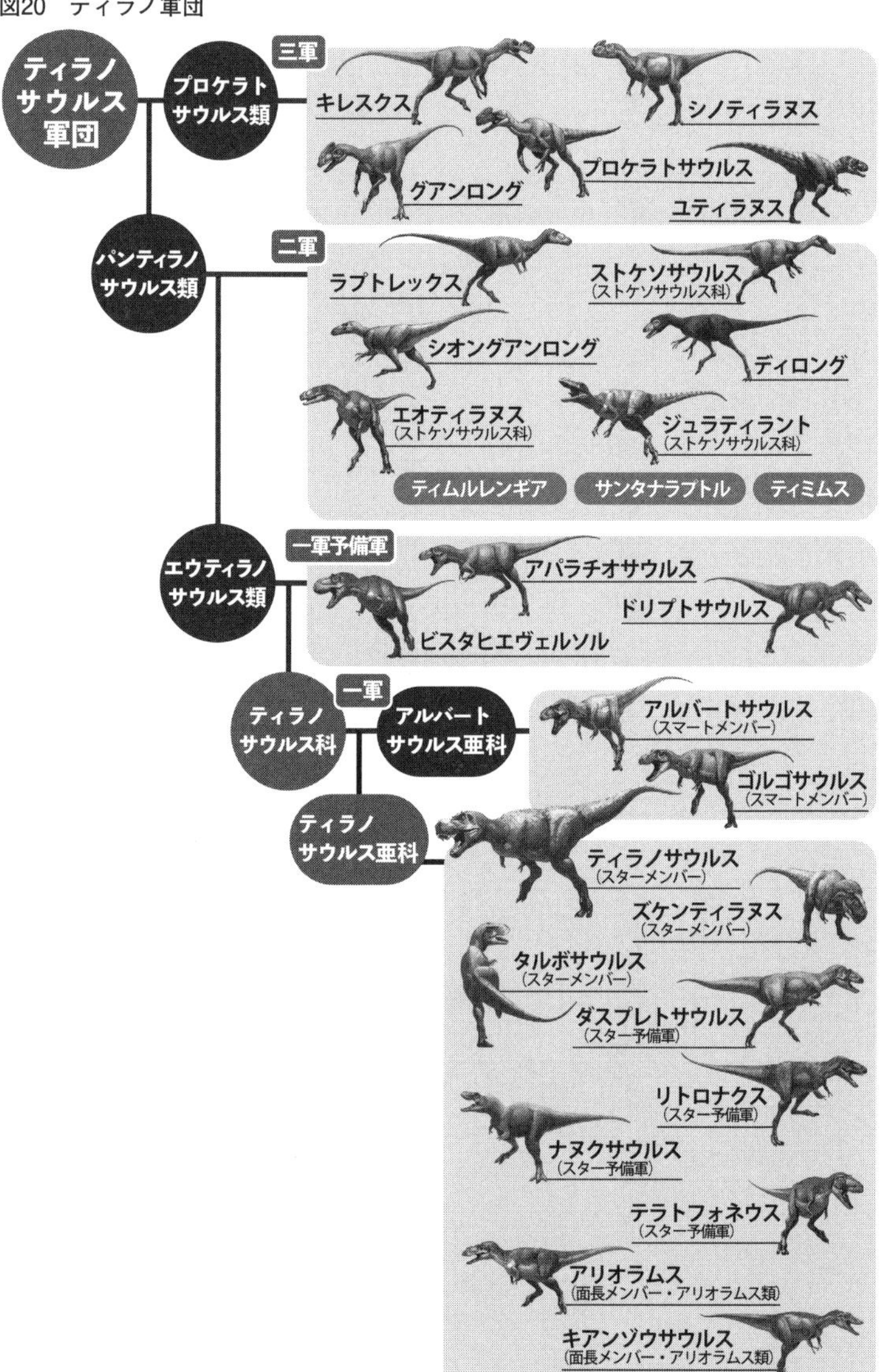

ティラノサウルス軍団
プロケラトサウルス類
三軍
キレスクス
シノティラヌス
グアンロング
プロケラトサウルス
ユティラヌス
パンティラノサウルス類
二軍
ラプトレックス
ストケソサウルス
(ストケソサウルス科)
シオングアンロング
ディロング
エオティラヌス
(ストケソサウルス科)
ジュラティラント
(ストケソサウルス科)
ティムルレンギア
サンタナラプトル
ティミムス
エウティラノサウルス類
一軍予備軍
アパラチオサウルス
ドリプトサウルス
ビスタヒエヴェルソル
ティラノサウルス科
一軍
アルバートサウルス亜科
アルバートサウルス
(スマートメンバー)
ゴルゴサウルス
(スマートメンバー)
ティラノサウルス亜科
ティラノサウルス
(スターメンバー)
ズケンティラヌス
(スターメンバー)
タルボサウルス
(スターメンバー)
ダスプレトサウルス
(スター予備軍)
リトロナクス
(スター予備軍)
ナヌクサウルス
(スター予備軍)
テラトフォネウス
(スター予備軍)
アリオラムス
(面長メンバー・アリオラムス類)
キアンゾウサウルス
(面長メンバー・アリオラムス類)

ウティラノサウルス類」と呼ぼうという提案がされました。エウ(eu)は《真正》といった意味があるので、真ティラノ軍団(真ティラノサウルス類)ということになります。

ちなみにここでいう一軍予備軍には、ドリプトサウルス、アパラチオサウルス、ビスタヒエヴェルソルが入っています。そして一軍とはみなさんご存知の、ティラノサウルス・レックスやタルボサウルスをふくむティラノサウルス科です。

恐怖の支配者、ディナモテラー・ディナステス

南半球に続いては、ララミディア大陸の南、現在のニューメキシコ州に目を移します。ここで問題。ニューメキシコ州に生息していたティラノ軍団は、次のうちどれでしょう?

1. ティラノサウルス
2. アルバートサウルス
3. リトロナクス
4. テラトフォネウス
5. ビスタヒエヴェルソル

正解は、5のビスタヒエヴェルソル。

ちなみにティラノサウルスはカナダのアルバータ州とサスカチュワン州、アメリカのモンタナ州、サウスダコタ州、ワイオミング州とユタ州、アルバートサウルスはカナダのアルバータ州、リトロナクスとテラトフォネウスはユタ州にそれぞれ生息していました。

恐竜時代には、ユタ州とかニューメキシコ州といった州境はもちろん存在していませんから、両州から発見されたティラノ軍団は、ララミディア大陸の南部という同じ地域のものと考えられます。

ララミディア南部のティラノ軍団を古い時代順にならべてみると、次のようになります。

- リトロナクス(約8060万年前～約7990万年前)
- テラトフォネウス(約7610万年前～約7400万年前)
- ビスタヒエヴェルソル(約7400万年前～約7100万年前)

こうして3種類の恐竜を時代別にならべてみたとき、どれも時代が重なっていないことがわかります。ララミディアの南部に存在したティラノ軍団は、すべて時代がちがうのです。

ここでご紹介したいのが、ニューメキシコ州で見つかった新しいティラノ軍団メンバーです。時代は約8000万年前から約7900万年前。リトロナクスと同じ時代です（場所は300キロほど離れていますが）。

2018年に論文にまとめられたばかりのその新たな恐竜の名は、ディナモテラー・ディナステス。ディナモ（dynamo）は《パワー》、テラー（terror）は《恐怖》を意味する言葉です。そしてディナステス（dynastes）は《支配》なので、ディナモテラー・ディナステスとはつまり、《力を持った恐怖の支配者》ということになります。

あいにく、発見された標本はあまりいいものではなく、頭骨のごく一部（左右の前頭骨のみ）と4つの脊椎骨、断片的な肋骨、さらに前あしの甲の骨一個（第2中手骨）、腰の骨一部（腸骨のほんの一部）、後ろあしの指の骨2個……といったところ。それでも、全長はおよそ9メートルと、大型のティラノ軍団メンバーであることに変わりはありません。

このディナモテラー・ディナステスは、晴れてティラノ軍団の一軍入りを果たしています。他のティラノ軍団との関係性はよくわかっていませんが、リトロナクスの隣人として一

図21　ディナモテラー・ディナステス

軍メンバーが増えたことは、世のティラノサウルスファンにとってても喜ばしいことでしょう。

一軍メンバーへの進化の兆しを見せるススキティラヌス

ディナモテラー・ディナステスに続いてもう一種、ニューメキシコ州からは新たなティラノ軍団が発見されています。こちらの論文は2019年に発表されたもの。

これまでのララミディア大陸南部のティラノ軍団は、8000万年前以降の恐竜でした。しかし新たに見つかったススキティラヌス(*Suskityrannus*)は、約9200万年前(白亜紀後期チューロニアン期中期)つまり1200万年も遡る時代の恐竜です。ススキ(*suski*)はズニ語で《コヨーテ》、ティラヌス(*tyrannus*)は《暴君》の意味で、《コヨーテの暴君》。標本は大人ではなく、大きさは3メートルほどと小型です。

いままで見てきたように、みなさんが想像する恐竜時代といえば、ティラノサウルスとトリケラトプス、そしてカムイサウルスに代表されるハドロサウルス科の恐竜たちが闊歩していた白亜紀後期の時代でしょう。実際、北アメリカ大陸はこれらが主体となって恐竜の世界を作り出していました。このティラノサウルス、トリケラトプス、ハドロサウルスの王国は、約8000万年前に確立し、その後約1400万年間、隕石がメキシコのユカタン半島に衝突するまで存続しました。

前に、ティラノ軍団の二軍メンバーが、白亜紀セノマニアン期の初めから白亜紀サントニアン期の終わりにかけて失踪をしている事実に触れ、これを「白亜紀中頃のティラノサウルス類のギャップ」と呼ぶことをご紹介しました。このギャップはティラノ・トリケラ・ハドロ王国の前の時代となり、この空白期間をつぶさに研究すれば、王国の始まりの経緯が解明できるのではないかと考えられています。

たとえば、ギャップ時代のティラノ軍団メンバーであるティムルレンギアの発見により、ギャップ時代のティラノ軍団はまだ大きくなく、一軍メンバーに見られる巨大化は8000万年前くらいにならなければ始まらないと結論づけられました。そして、ティムルレンギアは、まだ巨大化こそ始まっていなかったものの、脳や聴覚、嚙む力の発達の兆候が見られ、これらが後の一軍メンバー成立の鍵を握ると考えられています。

研究によってススキティラヌスは、そのティムルレンギアと同じ二軍に属する種であることがわかりました。ギャップ時代の二

図22　ススキティラヌス

軍がまた見つかったわけです。体の大きさはティムルレンギアと同じく小さめで、8000万年前以前のギャップ時代のティラノ軍団が総じて小型だったことがあらためて確認されました。

さらに後ろあしの構造を見てみると、後ろあしの甲の骨(中足骨)が衝撃を吸収する構造になっており、速く走るのに適していたこともわかりました。この衝撃を吸収する構造は、その後のティラノ軍団にも見られます。こうしてみると、二軍メンバーは、自分たちが世界を支配するチャンスを、大型化する前から虎視眈々とうかがっていたかのようですね。

ちなみに、このススキティラヌスと一緒に棲んでいた恐竜には、ズニケラトプス、ジェヤワティ、ノスロニクスがいます。ズニケラトプスは角竜の祖先系の恐竜で、ジェヤワティもハドロサウルスの祖先系の恐竜です。ススキティラヌスもティラノサウルスの祖先系ですから、9200万年前のニューメキシコ州(ララミディア大陸南部)には、ティラノ・トリケラ・ハドロ王国の祖先たちが勢ぞろいしていたことになります。ノスロニクスは、テリジノサウルスの祖先系ですが、ティラノ・トリケラ・ハドロ王国の時代には、ノスロニクスの子孫たちは、北アメリカでは繁栄できませんでした。

アロサウルス類全盛の時代に生きた体重80キロの小さな「ティラノ軍団」

ララミディア大陸南部では、ユタ州からも新しいティラノ軍団メンバーが誕生しています。約9700万年前~約9670万年前の地層から後ろあしの化石が発見されたモロスは、全長2メートル程度、体重80キロとわりと小さな恐竜です。

命名の由来はギリシャ神話のモロス《死や運命を司る神》で、ティラノ軍団の中では二軍に属します。すらっとした後ろあしから、ダチョウ型恐竜のように速く走ることができたのではないかと推測されています。

この恐竜のおもしろい点は、体の小ささ。そして同じ時代に棲んでいた恐竜との力関係にあります。モロスとほぼ同じ時期に、ユタ州にはシアッツというアロサウルス類の恐竜が棲んでいました。これは2013年に発表された恐竜で、全長9メートル、体重が4トン弱(3917キロ)あったと思われます。

ちなみに、他のティラノ軍団の体重は以下の通り。

・ジュラティラント　648キロ
・テラトフォネウス　974キロ

図23　モロス

・ダスプレトサウルス　2388キロ
・ゴルゴサウルス　2709キロ
・アルバートサウルス　2934キロ
・ティラノサウルス　6168キロ

また、参考までにティラノ軍団以外の大型の肉食恐竜は次の通り。

・ケラトサウルス　982キロ
・アロサウルス　2396キロ
・サウロファガナクス　3591キロ
・アクロカントサウルス　5250キロ

こうして体重を見比べてみると、モロスがいかに小さかったか、そして同時代に生きていたシアッツがどれほど巨大であったかがおわかりいただけるでしょう。シアッツが生きていた白亜紀

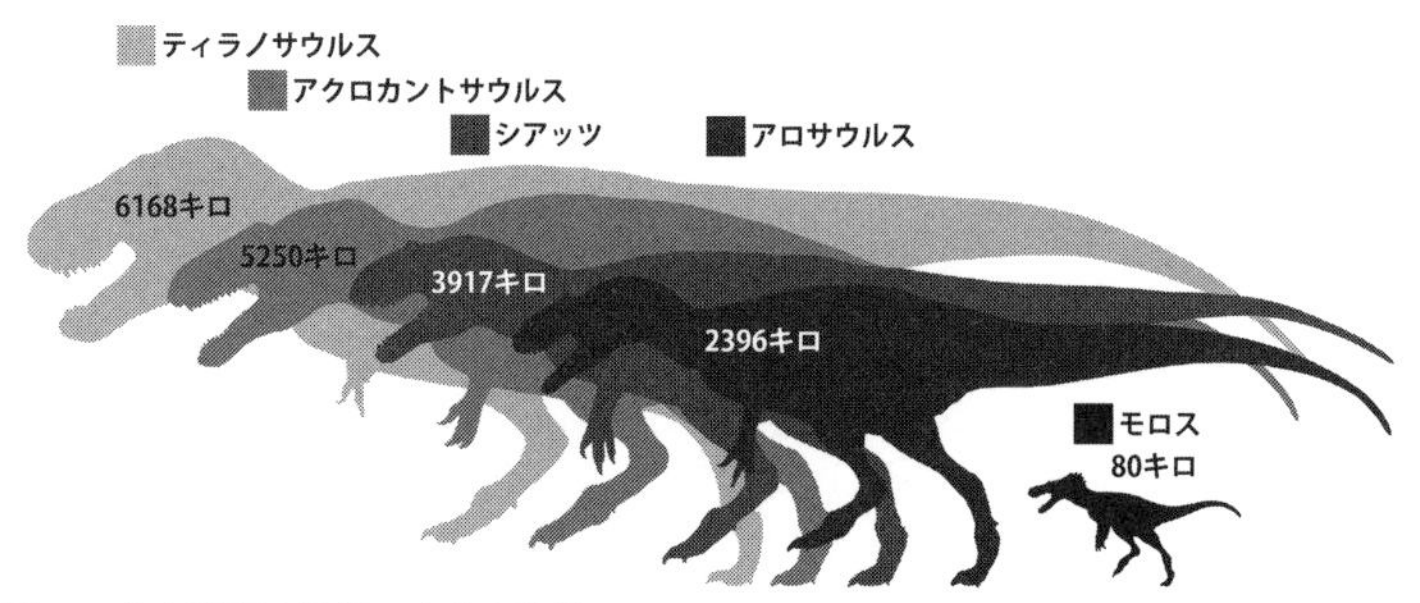

図24　肉食恐竜の体重・大きさ比較

の中頃のララミディア大陸には、さらに大きなアクロカントサウルスも棲んでいました。つまり白亜紀中頃の北アメリカ大陸はティラノ軍団の世界ではなく、アロサウルス類の世界だったことは明らかです。

ティラノ軍団はおそらく、アロサウルス類が絶滅に追いやられるまで、陰で息を潜めるように生きていたにちがいありません。そしてその後の地球温暖化で海面が上昇し、平地が少なくなったことでアロサウルス類が絶滅。ようやく、自分たちの出番を得たというわけです。

カナダに誕生した新たなティラノ軍団メンバーとは

「カナダに生息していたティラノ軍団一軍メンバーは?」という質問に、指を折りながら4種の名前を挙げられる人は、なかなかのティラノサウルス通であるといえるでしょう。

ちなみに答えは、ティラノサウルス、ダスプレトサウルス、ゴルゴサウルス、アルバートサウルス。

それぞれいつ命名されたものかというと、ティラノサウルスとアルバートサウルスが1905年、ゴルゴサウルスが1914年、そしてダスプレトサウルスがいちばん新しく、1970年です。

1970年といえば、いまから約50年前になります。それ以来、カナダからは長らくティラノ軍団に属する新メンバーは発見されていませんでした。ここにきて2020年、ダスプレトサウルスが世に出てから半世紀のときを経て、ようやく新しいメンバーが誕生しました。命名は「タナトテリステス・デグロオトルム」です。

ちなみに、従来のカナダ・メンバーが棲んでいた時代は、以下の通り。

ダスプレトサウルス(約7700万年前~約7400万年前)
ゴルゴサウルス(約7600万年前~約7500万年前)
アルバートサウルス(約7300万年前~約6900万年前)
ティラノサウルス(約6800万年前~約6600万年前)

最も古いのはダスプレトサウルスとゴルゴサウルスです。次に300万年ほどの期間を空けて、アルバートサウルス、ティラノサウルスと続きます。もう少し古い時代にはリトロナクスやディナモテラーといったメンバーが生息していたことが明らかになっていますが、彼らの住まいはララミディア大陸の南部であるため、カナダからは少し距離があります。

では、このリトロナクスやディナモテラーの時代、カナダにはティラノ軍団がいなかったのでしょうか?

「死を刈り取る神」タナトテリステス

そんな疑問に答えてくれたのが、今回新しく見つかったタナトテリステス・デグロオトルム(*Thanatotheristes degrootorum*)です。タナトス(*Thanatos*)とはギリシャ神話に登場する死を神格化した神であり、テリステス(*theristes*)は《刈り取る人》の意。つまり《死を刈り取る神》ということになります。

生息した時代は7950万年前なので、ダスプレトサウルスよりも250万年近く古い恐竜です。この時代には、ララミディア大陸の南部だけではなく、カナダ近辺にもティラノ軍団のメンバーが存在していたわけです。

ちなみにこのタナトテリステスといっしょにカナダで生きていた恐竜には、どちらもあまり有名な恐竜ではありませんが、角竜類のゼノケラトプス(セントロサウルス亜科)や堅頭竜類のコレピオケファアレがいました。

なお、これよりも古い時代(約8450万年前~約

図25　タナトテリステス

8350万年前)からもティラノ軍団らしい化石は発見されているのですが、残念ながら名前がつけられるほど状態のいい化石ではありませんでした。このあたりは今後のさらなる調査に期待したいところです。

ティラノ軍団一軍の2つのグループ

さて、タナトテリステスは、ティラノ軍団の一軍メンバーであることは間違いないようで、それによって一軍の構成をすっきりと変えてくれました。

ティラノサウルスの一軍メンバーは、大まかに2つに分けられます。体つきがスマートで頭も比較的軽くできているように見えるアルバートサウルス亜科と、スター予備軍でヘビーで大きめの体をしたティラノサウルス亜科です。

ティラノ軍団のスター予備軍に面長メンバー(アリオラムス族)がいることは、すでにご紹介しましたが、今回の研究により、頭部の特徴でスター予備軍がさらにグループ分けされました。面長メンバー(アリオラムス族)、鼻づらは長く上下に高い仲間(ダスプレトサウルス族)、鼻づらは短く上下に高い仲間(南部メンバー)、鼻づらが上下に非常に高くて頭の幅があり目が前に向いている仲間(スターメンバー)です。

ここで、一軍メンバーを原始的(基盤的)なものから進化的(派生的)なグループに分けてならべてみましょう。

1．アルバートサウルス亜科
アルバートサウルス、ゴルゴサウルス
2．ティラノサウルス亜科　アリオラムス族
アリオラムス、キアンゾウサウルス
3．ティラノサウルス亜科　南部メンバー
リトロナクス、ディナモテラー、テラトフォネウス
4．ティラノサウルス亜科　ダスプレトサウルス族
ダスプレトサウルス、タナトテリステス
5．ティラノサウルス亜科　スターメンバー
ズケンティラヌス、タルボサウルス、ティラノサウルス

——いかがでしょう？　ずいぶんスッキリと整理できたように思いませんか。しかもこれらはすべて、頭の形で特徴づけられているのですから、私のような恐竜学者からすると快感すらおぼえます。

ちなみにアルバートサウルス族とダスプレトサウルス族は、ララミディア大陸の北部にしか生息していませんでしたし、リトロナクスなどの南部メンバーは南部だけに生息していました。もしかするとティラノ軍団にも地方色があり、それぞれが好んで棲んでいたエリアがあって、北部と南部ではほとんど交流がなかったのかもしれません。

いっぽうで、ララミディア大陸北部で一緒に棲んでいたアルバートサウルス族とダスプレトサウルス族は、それぞれ異なる獲物を追いかけて襲っていたようで、そのため頭の形がちがうのでしょう。

ただ、同じ北部に棲んでいたといっても、北のほうに行くとアルバートサウルス族が多く見られ、南に行くとダスプレトサウルス族が多く見られるなど、ここでも若干ですが住処(すみか)の好みのちがいがあったようにも感じられます。同じ一軍メンバーでありながら、こうしていろんな好みがあったというのは興味深い事実です。

増え続けるティラノ軍団！ 2020年、ジンベイサウルス

もう一つ、甚平サウルス——ではなく、ジンベイサウルス・ワンギ(*Jinbeisaurus wangi*)をご紹介しておきましょう。こちらも2020年に発表されたもので、中国・山西省の白亜紀後期の地層から発見されたティラノ軍団メンバーです。

ジン(*Jin*)は山西省の略称が「晋(中国発音でジンと読みます)」で、「ベイ(*bei*)」が北を表しています。つまりこれは、地名からつけられた名前なのです。発見されたのは、頭骨の一部(両方の上顎骨、右歯骨)、2個の頸椎骨、5個の胴椎骨、腰の骨の一部(右の恥骨)と、残念ながらあまりいい標本ではありません。

では、このジンベイサウルスがティラノ軍団のどこに属すかというと、二軍と判断されました。ティラノ軍団の中でもシオングアンロングやティムルレンギアに近い種だったそうですが、ただ関係が近いだけではなく、体の大きさもシオングアンロングと同等レベルで、さほど大きくないメンバーということになります。

このように、ティラノ軍団の研究はまだまだ途上。今後もさらに新しい発見は続くでしょうし、そのたびにティラノ軍団の構成メンバーは増えていくはずです。

図26　ジンベイサウルス

ティラノサウルスは3種いた？

最後に紹介するのは、2022年に発表されたティラノサウルスそのものの研究成果です。グレゴリー・ポールらは、ティラノサウルスは何種類いたのかを追究しました。1905年にヘンリー・オズボーンがティラノサウルスと命名し、ティラノサウルスは、*Tyrannosaurus rex*(暴君トカゲの王の意味)の一種だとされていました。

しかし、グレゴリー・ポールらは、T-rexと呼ばれていた標本を見直してみたところ、3つのタイプに分けることができると考えました。1つ目は、がっしりした体をしており下顎のいちばん前の歯が小さいという特徴があり、2つ目は下顎のいちばん前の歯が小さいのは同じですが体がすらっとしています。「がっしり」と「すらっと」との境は、大腿骨の太さで表現されており、大腿骨の長さと大腿骨の太さ(周囲長)の比率が2・4以上だと「がっしり」、それ以下だと「すらっと」としています。そして3つ目は、がっしりした体ですが下顎の前2本の歯が小さいものです。

彼らは、最初のタイプはティラノサウルス・レックスのままと、2番目にティラノサウルス・レジーナ(*Tyrannosaurus regina*：暴君トカゲの女王)、そして3番目にティラノサウルス・インペラトール(*Tyrannosaurus imperator*：暴君トカゲの皇帝)と新しい種の名前をつけました。棲んでいた時期も異なると考え、古い時代(6700万年前くらい)に「皇帝」が棲んでお

図27 ティラノサウルス・レックス(上)
Photo : The Royal Saskatchewan Museum
ティラノサウルス・レジーナ(中)　Photo : ©アフロ
ティラノサウルス・インペラトール(下)　Photo : ©アフロ

り、新しい時代(6600万年前くらい)に「王」と「女王」が棲んでいたことを提案しています。

しかし、この3種の提案は、現在反論されています。トーマス・カーらは、「がっしり」と「すらっと」には、しっかりとした境界がなく、下顎の歯の大きさに関しても測り方に問題があると反論したのです。ポールらの研究は、非常に限定された標本を対象にし、測定や統計方法に問題があるとし、カーらは、ティラノサウルスは従来通り、「王」=レックス一種のみとしています。ポールらの提案した「王」「女王」「皇帝」の名前はかっこいいですが、少し先走ってしまった感があります。

ティラノ軍団のまとめ

ここまでティラノ軍団の進化の解明について、2010年以降の研究を駆け足で紹介してきました。発見があるたびに進化の歴史が明らかになり、それと同時に新たな謎が増えていくようすが、みなさんにもリアルに体感していただけたのではないでしょうか。ティラノ軍団メンバーについて一つ一つつぶさに解説してきたのも、地道でありながらも着実に進んでいる恐竜研究のリアルをお伝えすることが目的でした。

研究とは地道な作業の連続。それゆえ、簡単に答えが出るものではありません。そんななかで私たち恐竜研究者は、少しでも真実に近づけるよう、新たな発見を求めて日夜研究にはげんでいるのです。

最後に、現在までのティラノ軍団の進化について専門用語を使って記述してみましょう。

「ティラノサウルス上科は、単系統のグループである。ジュラ紀中期以前に起源を持ち、まずプロケラトサウルス科とパンティラノサウルス類の2つのクレードに分岐した。プロケラトサウルス科の地理的分布は、ヨーロッパとアジアに限定されている。ジュラ紀中期の種(プロケラトサウルス、キレスクス、グアンロング)と、白亜紀前期の種(ユティラヌスとシノティラヌス)がいる。これらの間には2000万年近い時間のギャップがあり、ゴーストリニエイジの長さとしては3000万年間ほどある。パンティラノサウルス類が出現したジュラ紀中期は、超大陸パンゲアが分裂を続けていたが、大陸のつながりがある間に、パンティラノサウルス類は汎世界的な分布を成功させていた可能性がある。それぞれの大陸に移動したパンティラノサウルス類は、継続した大陸の分裂により、それぞれの大陸に孤立し、独自の進化を遂げた。また、基盤的なパンティラノサウルス類の中には、ジュラ紀後期またはそれ以前に、北米とヨーロッパに分布を限定したストケソサウルス科という単系統が誕生した。プロケラトサウルス科や基盤的なパンティラノサウルス類は、ジュラ紀中期から後期にかけて多様化したが、他の大型の獣脚類(アロサウルス科、メガロサウルス科、ケラトサウルス科)の存在により、体サイズは小さかった。白亜紀に入り、プロケラトサウルス科のユティラヌスとシノティラヌスの大型化は独自に進化した。パンティラノサウルス類の小さな体は、ジュラ紀と同じ理由により、約8000万年前の白亜紀後期の後半まで続いた。体サイズは小さかったが、脳・耳・顎・中足骨の構造は、のちのティラノサウルス科に見られるようなものに進化しはじめていた。

白亜紀中頃の温暖化で海進が生じ、北米大陸のララミディア大陸には多くの隔離された盆地が形成された。これにより、パンティラノサウルス類は多様化し、8000万年前頃またはそれ以前に大型化したものが現れる。それらをエウティラノサウルス類と呼ぶ。このグループの地理的分布は、アジア大陸と北米大陸に限定されている。ティラノサウルス科でないエウティラノサウルス類は、連続した姉妹群であり、単系統を形成していない。最後に、巨大化したティラノサウルス科は単系統を形成する。この単系統は、さらに5つの単系統で構成される。一番基盤的なグループがアルバートサウルス亜科である。アルバートサウルス亜科と姉妹関係にあるのが、ティラノサウルス亜科であり、その中に残りの4つの単系統が含まれている。吻部が長く低いアリオラムス族、吻部が短く高いララミディア南部のグループ、吻部が長く高いダスプレトサウルス族、そして吻部が短く幅が広い頭を持つグループである」

2010年の時よりもずいぶんわかりやすくなったと思いませんか?

第2部　第1章
迷子になったティラノサウルス

新種か子供か?

2010年にある論文が発表されました。そのタイトルは、『クリーブランドのティラノサウルス類の頭骨(ナノティラヌスかティラノサウルス):特に脳函(のうかん)についてのCTスキャンデータに基づく新しい所見』です。

この論文の鍵は、「クリーブランドのティラノサウルス」というところです。クリーブランドとは、アメリカ合衆国オハイオ州の街です。アメリカ合衆国とカナダの間に五大湖がありますが、そのうちの一つのエリー湖の南岸にある都市です。この「クリーブランドのティラノサウルス」は有名な標本で、標本番号がCMNH 7541と付けられています。モンタナ州のヘルクリーク層という地層から発見されたもので、第二次世界大戦終戦後すぐの1946年に、CMNH 7541は、ゴルゴサウルスの新種(ゴルゴサウルス・ランセンシス)として論文が発表されました。しかし、これがナノティラヌス問題論争の始まりとなってしまったのです。

問題は、その頭骨の大きさにありました。長さがたったの57センチ。大人のティラノサウルスの頭が130センチほどなので、半分以下しかなく、ティラノサウルスの仲間の頭骨標本としては、当時最小でした。この標本をめぐる論争は、「小型のティラノサウルス科」という意見と、「ティラノサウルスの子供」という意見で対立しました。

とはいえ、CMNH 7541が大人か子供かが話題になるのは、これがティラノサウルスの仲間だからです。残念ながら、私が命名したシノオルニトミムスのいちばん大きな個体が、大人なのか、亜成体なのかは誰も気にしないでしょう。

ナノティラヌス論争

最初に記載されてから約40年後の1988年、「大人か子供か」論争に大きな転換がきました。アメリカ(ロバート・バッカー)とカナダ(フィリップ・カリー)の研究者たちが、頭骨の特徴や歯の数や形のちがい、後頭部が幅広い様

図28　クリーブランドのティラノサウルス
Photo：Lawrence M. Witmer提供

がティラノサウルスに似ているなどということから、ゴルゴサウルスではなく、新しいティラノサウルス科として結論を出したのです。ＣＭＮＨ ７５４１は、最も原始的なティラノサウルス科として「ナノティラヌス *Nanotyrannus*」と名づけられました。《小さなティラノサウルス》といったところでしょうか。

ナノティラヌスと名前をつけた直後から、「そうではなく子供だろう。T-rexの子供ではないのか？」という研究者（ケネス・カーペンター）も出てきました。さらに、１９９０年代になると、「T-rexの子供に間違いない。ナノティラヌスはいなかった」と主張してきた若手の研究者（トーマス・カー）があらわれました。彼は、膨大なデータを集め、ナノティラヌスと呼ばれている恐竜には、いくつものティラノサウルスの特徴があると主張したのです。

ナノティラヌスという名前をつけたカナダの研究者たちも、もちろん反論します。「確かに子供かもしれないが、T-rexではない。ナノティラヌスは存在した！」と主張しました。さらに、「ティラノサウルス科の原始的な恐竜というよりは、T-rexにいちばん近い恐竜かもしれない」とも付け足しました。

決定的な証拠はあるのか？

こうしてみると、ＣＭＮＨ ７５４１は、かわいそうな運命をたどっています。「ゴルゴサウルスの新種」「新しい恐竜で最も原始的なティラノサウルス科、ナノティラヌス」「T-rexの子供」「子供だけどT-rexじゃなくてナノティラヌス」と意見が交錯しています。けんかの原因になっているナノティラヌスもたまったものではありません。

このような背景のなか、2010年に、オハイオ大学のローレンス・ウィットマーらによって新たな論文が発表されました。この研究では、CTスキャンという技術を使って、頭骨の内部構造を初めて観察しました。この論文が出るまでの研究では、頭骨を外から見て、特徴を比較し議論してきました。そもそも、ウィットマーたちの目的は、ナノティラヌス問題の解決というよりも、この頭骨から得られる、頭骨内部の解剖学的研究(特に脳函や内耳・中耳など頭骨内の空洞の構造)だったので、目的はちがいましたが、画期的な研究でした。彼らは、ナノティラヌス問題の追究には、他の研究が待たれるといった前置きをしながらも、次のように議論をしています。

「この標本には、T-rexとは異なる特徴が観察できた。しかし、それらのちがいが、T-rexと別種としてのちがいなのか、T-rexの子供と大人のちがいなのか判別はできない」とコメントしました。「そうは言いつつも……」と文章は続き、「ゴルゴサウルスとティラノサウルスの頭蓋底気腔孔(basicranial pneumatic foramina)の構造は似ているが、ナノティラヌスは、これらの孔(あな)が非対称に配置され異なっている。さらに、後方鼓室窩(caudal tympanic recess)と側方下位関節丘窩(lateral subcondylar recess)がつながっているといったことはどのティラノサウルス科にも見られない」と主張しています。

ナノティラヌスは、側頭部が横に広がっていることでT-rexに似ていると言われていますが、頭骨の内部構造などを見ると、T-rexには見られない多くの原始的な特徴も持っていることもわかりました。ウィットマーらの研究によって、これら原始的に見える多くの構造のちがいが明らかになったのですが、それが「種のちがい」によるものなのか、成長の過程で起こる変化なのかまでは判断はできませんでした。

成長による変化で、骨の形は変わります。しかしながら、成長による変化では、生まれたばかりの状態と、成長しきった体では、大きな変化が見られることがありますが、ある程度育った「亜成体」から成体への変化は、それほど起きないと考えるのが普通です。ナノティラヌスは、生まれたばかりのものではなく、亜成体です。そう考えると、多くのちがいを成長による変化だとは考えにくいのです。

しかし、角竜類などは、かなり成長の遅い時期になってから性的アピールに関した骨の変化が激しく起こった可能性が示唆されているため、ティラノサウルスにもそれがあり得ないとは言いきれません。ウィットマーらの最終的な判断は見送られ、この論文では、成長による変化、性別のちがい、病理などいろいろな可能性が考えられるため、ナノティラヌスが

T-rexの子供だとは言い切れず、未解決の問題のままと結論づけています。

なんだか煮え切らない表現ですね。もう少しわかりやすく私個人の印象を言うと、ウィットマーらの主張は「CTで内部構造を見たら、ティラノサウルスとずいぶんちがうなあ。でも、成長とか雌雄のちがいもあるし、とりあえずわからないとしておこう」というふうに読めます。

「ジェーン」の登場!!

2013年に、ナノティラヌスの追加標本の論文が発表されます。その論文の著者は、ブラックヒルズ地質学研究所のピーター・ラーソンです。それまで、ナノティラヌスと名前がつけられたCMNH 7541は、下顎のついた頭骨だけでした。しかし、2001年に「ジェーン」とニックネームのついた化石が発見されます。これは、頭骨の一部と体の骨格が発見されました。全身の骨の半分以上発見されており、ティラノサウルスの仲間の全身骨格としては、保存がいいものだと言えます。全長6・5メートル、体重は500キロほどしかなく、大きなティラノサウルスの13メートルほどと比較すると、ずいぶんと小さいものです。

ラーソンはこのジェーン以外にも、すでに発見されている2つの標本(頭骨の一部)がナノティラノサウルスであると考えました。つまり、CMNH 7541と「ジェーン」とあわせて、全部で4つの標本がナノティラヌスではないかという考えです。これまで、頭骨でしか語れなかったナノティラヌス問題が、体の骨を使って議論できるようになったのです。

体の骨を研究すると、その恐竜の成長具合がわかります。骨を薄く切断し、その断面を顕微鏡で観察すると、成長停止線というものや、骨の微細構造も見ることができます。このような研究を骨組織学と呼びます。ラーソンは、フロリダ州の研究者グレゴリー・エリクソンに「ジェーン」の大腿骨の骨組織の研究をお願いしました。長さ72センチの大腿骨の真ん中あたりを切断して分析してみると、12本の成長停止線があるとみられ、この個体は12歳で死んだもの

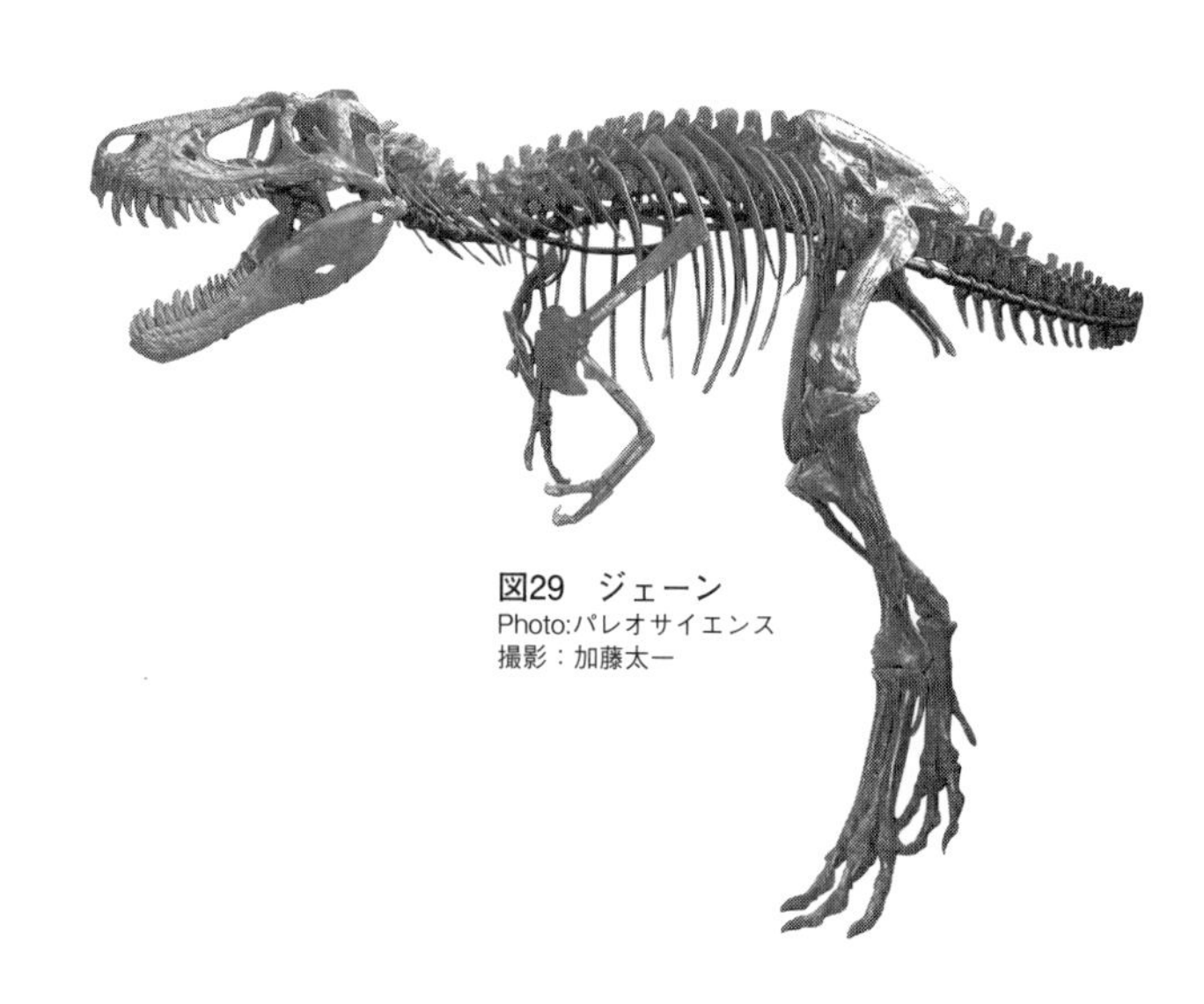

図29　ジェーン
Photo:パレオサイエンス
撮影：加藤太一

だと考えられました。ティラノサウルスの仲間たち(ティラノサウルス、ゴルゴサウルス、ダスプレトサウルス、アルバートサウルス)の成長曲線は、エリクソンの研究によってグラフで表されています。これらのグラフと比較してみると、もしナノティラヌスがT-rexだとしたら、その体重と年齢からすると、成長期前の子供で、大人の体重の10分の1以下ということになります。いっぽうで、ナノティラヌスがT-rexではなく、独自の種であり、成長パターンが他のティラノサウルス科(ゴルゴサウルス、ダスプレトサウルス、アルバートサウルス)に似ているとすると、12歳という年齢から、かなり成長した個体とも考えられます。

成長具合を検討するのに、他にも方法があります。それは、骨の癒合具合を見ることです。脊椎は、椎体と神経弓というパーツからできています。また、脊椎は、首(頸椎)、胴(胴椎)、腰(仙椎)、尻尾(尾椎)と並んでいます。これらの骨の癒合具合で成長段階を判定することができます。

たとえば、大人の個体と知られているT-rexの化石に「スー」と呼ばれるものがあります。全長が12メートル程度ある巨大なT-rexです。もう大人のはずですが、この脊椎の癒合具合を見てみると、尻尾の後ろのほうの脊椎は、完全に癒合していますが、首、胴、腰、尻尾の前のほう(尾椎15番目まで)は、癒合しているものの、まだ縫合線が残っています。まるで、まだ成長の余地があるかのような情報です。

いっぽうで、「ジェーン」は、どうなのでしょうか。すべての脊椎が残っているわけではないですが、前から12番目の尻尾の骨から後ろの骨は縫合線が見えず完全に癒合していました。それ以外にも、保存された胴の脊椎も完全に癒合していました。骨の癒合具合で判断すると、成体で巨大な「スー」よりも〝大人〟ということになります。さらに、ラーソンは、肩帯の骨の癒合にも触れ、ナノティラヌスは、ティラノサウルスとは異なった成長曲線を描き、12歳でかなり成長した段階だったのではないかと考えました。

骨を詳細に比較してわかること

さらに、ラーソンは、個々の骨を検討し、ナノティラヌスがT-rexとはちがうということを議論しました。たとえば、頭の孔の形。前眼窩窩(antorbital fossa)、上顎窓(maxillary fenestra)、頭骨(鋤骨、方形頬骨、涙骨、方形骨、神経孔)、歯の形など30以上の特徴をあげ、細かく比較することで、ちがいを強調しました。これらの特徴は、かなり専門的で説明が難しいので、比較的わかりやすいものとして、歯の形を紹介します。

ラーソンは、〝頬〟の部分にあたる場所にある上顎骨に生えている歯(上顎歯)と、上顎骨の前に位置する前上顎骨に生えている歯(前上顎歯)について議論しています。T-rexの上顎歯は、「バナナのような歯」と表現されるように、非常に太い歯です。いっぽうで、ナノティラヌスの歯は、扁平で長さに対して幅が半分くらいしかなく薄いのです。ただ、この問題は、他の研究者が、歯の厚さは「薄い」から「厚い」方向に、成長によって変わっていくと考えており、決定的なものとは言えません。

いっぽうで、前上顎歯を見ると面白いことがわかります。ティラノサウルスの仲間たちは、頑丈で大きな歯がずらりと並んでいると表現されることが多いですが、よく見ると、そうではありません。上顎骨に生えている上顎歯は確かにそのように並んでいますが、断面がD字の形をしているということが有名な、前上顎骨に生えている前上顎歯のサイズは小さいのです。これは、T-rexもナノティラヌスも同じですが、問題は、前上顎歯の隣にあるいちばん前の上顎骨の歯の形と大きさです。

T-rexは、他の上顎歯と同様、大きく発達しているのですが、ナノティラヌスでは、隣の上顎歯も、まるで前上顎歯のように小さいのです。これは、成長で変化するものとは考え

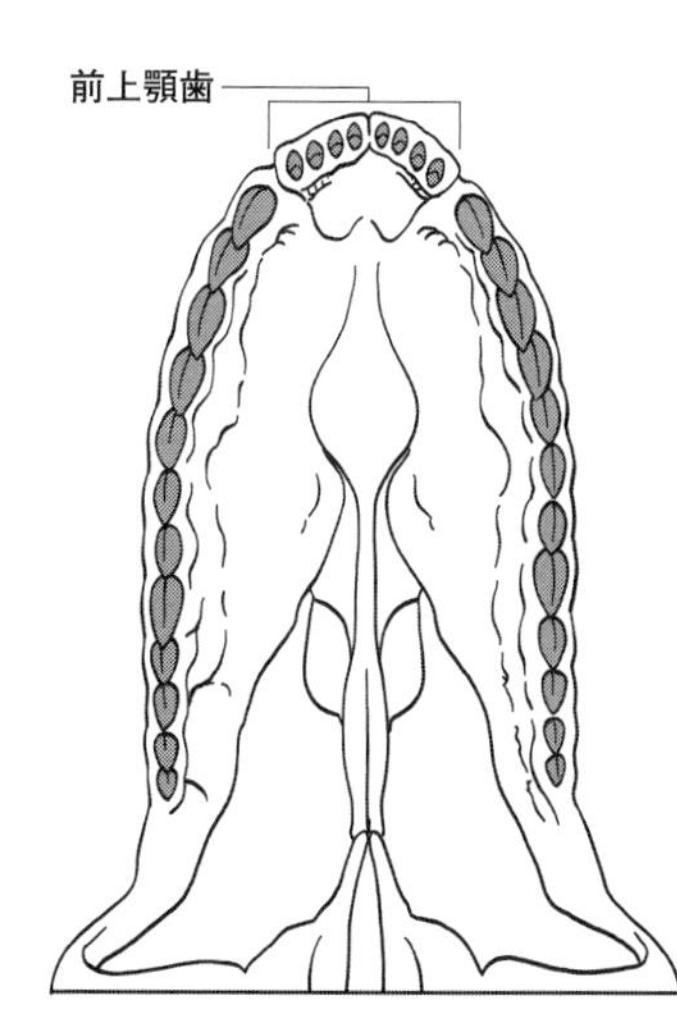

図30　ティラノサウルスの歯(上顎を下から見た図)

づらく、ラーソンは、ナノティラヌスがT-rexの子供ではないという証拠の一つだと考えたのです。

こうやって、ラーソンは、「ジェーン」という非常に保存がよい新しい標本の発見によって、これまでできなかった比較をおこない、ナノティラヌスが有効な種であると証明しようとしたのです。

二転三転するナノティラヌスの正体

その3年後の2016年には、カンザス大学のスクメルジらによる、獣脚類の下顎の側面に水平に伸びる溝(歯骨溝：dentary groove)に注目した研究が発表されました。あまり注目されていない特徴だったのですが、2010年に獣脚類恐竜の関係を分析するための系統解析にこの特徴が使われるようになりました。

そこで、スクメルジらは、ティラノサウルスとナノティラヌスをふくむ92種類の獣脚類の下顎溝を観察し、その重要性について議論しました。獣脚類のなかで、ティラノサウルス類よりも原始的な獣脚類には広く見られる特徴ですが、ティラノサウルス類よりも進化型の獣脚類になるとこの特徴が出現したり消えたりすることがわかりました。たとえば、ドロマエオサウルス科やトロオドン科には溝があり、オルニトミモサウルス類やテリジノサウルス類などには溝が見られません。

ティラノサウルス類だけに注目すると、ほとんどのティラノサウルス類の顎には溝がないのです。溝がなくなる理由は、顎の強化のためにこの溝をなくしたのではないかと、スクメルジらは考えました。

とはいえ、原始的なティラノサウルス類(グアンロング、プロケラトサウルス、シノティラヌス)や、少数の進化型のティラノサウルス類(ドリプトサウルス、アルバートサウルス、ゴルゴサウルス、ナノティラヌス)には、溝がありました。

いっぽうで、ティラノサウルスには、この溝がありません。しかも、幼体、亜成体、成体の下顎を見ると、どの成長段階の骨にもこの溝はなく、さらに、ティラノサウルスと考えられているすべての標本を見ても、この溝はありません。つまり、ラーソンが主張したように、スクメルジらも、ナノティラヌスは、T-rexの子供ではなく、独自の種であることを支持しました。

図31　タルボサウルス(左)ティラノサウルス(右)の下顎溝
Photo：Stephen L. Brusatte提供　Cretaceous Research 65 (2016) 232-237

これで、ナノティラヌス問題は、解決と思いきや、イギリスのエディンバラ大学のブルサッテらが、スクメルジらの考えに反対する論文を同じ年に発表します。スクメルジらは、実際の標本を観察せず、論文に出ている写真をもとに議論しており、実際の標本には、溝があると反論したのです。スクメルジらは、多くのティラノサウルス類には溝が存在しないと書いていたのですが、実際は、逆に多くのティラノサウルス類がこの溝を持っていることがわかってきました。しかも、浅いながらもティラノサウルスにも溝があるのです。

ティラノサウルスに近縁のタルボサウルスの下顎を見ると、亜成体のものには深い溝があり、成体になると溝が浅くなるという変化が見られました。つまり、ナノティラヌスの溝が深いのは、T-rexの亜成体であることを証明することになるというのです。スクメルジらの論文発表の後の、素早い反撃。それは、ブルサッテらが、何年にもわたって、世界中のティラノサウルス類の標本を自分の目で観察し、自分の手を使ってその形を体に染み込ませていったという誇りと意地なのでしょう。この気持ちは、私にもわかります。恐竜研究は、机上だけではすみません。実際に汗をかいて標本に会いにいかなければいけないのです。その気持ちが強いからこそ、これだけ迅速に反応したのだと思います。

この反論について、スクメルジらは速攻で再反論しました。「本物の溝」と「偽物の溝」を議論しました。ナノティラヌスの溝は深く、ティラノサウルスはこのような明確な溝がないと言うのです。ブルサッテらが主張しているティラノサウルスの溝は偽物であり、ナノティラヌスの真の溝とは異なると主張しました。したがって、ナノティラヌスは、ティラノサウルスの子供ではなく、有効な種であると反論したのです。

果たして最終結論か⁉

さらにナノティラヌス問題の議論は続きます。2020年にオクラホマ州立大学のホーリー・ウッドワードらによって、「ジェーン」を使った骨組織学の論文が発表されます。まずわかったのは、死亡時の年齢です。この研究では、13歳以上の歳をとっていたことがわかりました。そして、大きな発見は、このナノティラヌス「ジェーン」が、成長が終わった小型のティラノサウルス類なのか、それとも成長前の亜成体のティラノサウルスなのかという議論に結論が出たことです。前者なら、ナノティラヌスは独立した有効な種であることを示し、後者ならナノティラヌスと呼ばれている化石は、単にティラノサウルスの亜成体であるということになります。そしてウッドワードらの研究は、「ジェーン」はまだ成長が終わっていない個体であり、後者を支持する結果を出しました。つまり、ナノティラヌスは、ティラノサウルスの亜成体であると結論づけました。

さて、読者の皆さんはどう感じるでしょうか。もう、ここまでくると意地の張り合いといいう感じがしませんか。ここまでヒートアップできるのは、ティラノサウルスの人気、魅力によるものなのでしょう。

ウッドワードらの論文には、「ナノティラヌスはティラノサウルスの亜成体であることに議論の余地はないと、ほとんどのティラノサウルス類研究のスペシャリストは考えている」と記しています。しかし実際には、この議論はまだまだ続きそうな気がします。必要なのは、より多くの標本が発見されることだと思うので、とにかく調査に出かけることがいちばんの解決への近道なのでしょう。

《盗賊の王》ラプトレックスの場合

このような問題は、ナノティラヌスだけなのでしょうか？　少しテイストはちがいますが、一度つけられた名前に議論が起きたティラノサウルス類としては、ラプトレックスが有名です。ラプトレックスは、２００９年にシカゴ大学のポール・セレノらによって発表された全長3メートルほどのティラノサウルス類の恐竜です。この化石は、アメリカのアリゾナ州で開催されたツーソン・ジェム&ミネラルショーで販売されました。それをアメリカの眼科医であり化石収集家が購入し、セレノに見せることとなります。その研究の価値を感じたセレノは、標本を発見場所とされる中国に返還することを約束し、標本の研究を始めました。2009年に論文が発表されたときには、この恐竜化石は、中国の白亜紀前期の地層から発見されたとされました。

実際には、ミネラルショーで売られている恐竜の本当の産地を限定するのはほぼ不可能です。そこで、セレノは、売買人から「中国・遼寧省の内モンゴル自治区に近い場所」で発見されたという情報を手に入れました。さらに、この恐竜化石と共に見つかった化石をもとに、いつの時代の恐竜かを推定しました。それは、潰れた二枚貝の化石とリコプテラという魚の脊椎1つだけでしたが、これらの情報をもとに、羽毛恐竜が多産することで有名な白亜紀前期の熱河層群から発見されたと判断しました。

セレノらは、この恐竜の骨組織研究をおこない、5歳か6歳で、成長がすでに遅くなっていた亜成体の恐竜だと結論づけました。そしてアメリカの科学誌『Science』に論文を発表し、新属新種の恐竜「ラプトレックス・クリエグステイニ」と命名しました。

この論文の発表は、ティラノサウルス類の進化の研究に一石を投じると当時話題になりました。ティラノサウルス科は、その巨大化が進

図32　ラプトレックス・クリエグステイニ

化の過程で重要とされていましたが、ラプトレックスの発見が示したものは、白亜紀前期にはすでに、大きな頭や長い後ろあし、そして2本指の前足といった、ティラノサウルス科らしい特徴が、大型化に先立って進化したという新しい考えだったのです。

ラプトレックスはタルボサウルスの子供か？

しかし、この論文が発表された翌年の2010年、ピーター・ラーソンとオスロ大学のヨルム・フルムは、イギリスの科学誌『Nature』に疑問の意見を載せることになります。「ラプトレックスは、タルボサウルスの子供ではないか？」と。さらに、ラプトレックスの生きていた時代を白亜紀前期としているが、理由の元となった二枚貝や魚は、白亜紀全体に長く生息していたので、時代の特定にはならないとも発言しました。さらに、この記事にはアルバータ大学のフィリップ・カリーのコメントが載せられており、それには「とにかく問題は、それが売買された標本であり、いったいどこからきたのかわからないことだ」とあります。

私もまったく同感です。私個人としては、ミネラルショーなどで売られている標本は、研究の対象にはしません。化石に添えられた情報に信頼性がないのです。今回のラプトレックスは中国で発見されたものだということだったのですが、その情報のどこに信頼性があるのでしょうか？

2011年、ラプトレックスに関する論文が、モンタナ州立大学のデンバー・フォウラーらによって発表されます。この論文には面白いことが書いてあります。「別の証言によると、この化石は中国ではなく、モンゴルで採集されたものだ。最終的にアメリカで売られる前、モンゴルの盗掘者から東京に住んでいるブローカーの手に渡った。その際には中国からきたとはいっさい言われていなかった。そして、購入した眼科医は、この標本が白亜紀末のタルボサウルスの亜成体であると知らされて買った」。いったい、どこでこれが中国の白亜紀前期の化石となってしまったのでしょうか。この謎が解けることはないと思いますが、これが購入標本の恐ろしい事実です。まちがった情報が、まちがったサイエンスを生んでしまうのです。

フォウラーらの論文と同じ2011年には、現在国立科学博物館の對比地孝亘(ついひじたかのぶ)らがタルボサウルスの研究をおこない、2つの理由からラプトレックスとタルボサウルスは、異なる可能性があると論じていました。2つの理由とは、時代が異なること(タルボサウルスは白亜紀後期で、ラプトレックスは白亜紀前期)、そして骨の形の違い(頭骨に2つの違いと骨盤に1つの違い)でした。

時代に関しては、信頼できない情報なので、簡単に除外できます。骨については、骨盤の特徴が非常に重要となります。タルボサウルスをふくむティラノサウルス類の多くの骨盤の腸骨には、垂直に伸びる稜があります。それがラプトレックスにはないと對比地らは判断していました。しかし、フォウラーらがラプトレックスの腸骨をよく見たらこの稜が存在することがわかったのです。他の頭骨の骨の違いは、個体差でもあらわれる可能性があるため、ラプトレックスがタルボサウルスではないという理由にはならないことになります。そこでフォウラーらは、ラプトレックスは3歳くらいの亜成体であること、そして確信は持てないものの、限りなく、タルボサウルスの亜成体だろうと主張しました。

ラプトレックスの結論はいかに⁉

そして、2013年には、モンゴルのネメグト層と呼ばれるタルボサウルスをはじめ多くの化石が発見されている地層の魚の研究がおこなわれました。ここでようやく、ラプトレックスと一緒に見つかった魚の化石の正体がわかりました。このネメグト層の魚と同じものだったのです。つまり、ラプトレックスは、中国・遼寧省の白亜紀前期の地層ではなく、タルボサウルスが見つかっている、モンゴルのネメグト層から盗掘されたものだとわかったのです。

産地情報を失った売買された化石の悲劇。ラプトレックスの化石は美しく、素晴らしい標本です。盗掘というお金目的のために、科学的な価値をなくしてしまいました。そのために翻弄される私たち恐竜研究者。もう少しなんとかならないものでしょうか？

図33　ネメグト層　Photo：小林快次

第2章　ティラノサウルスのファッション事情

ティラノサウルスはおしゃれをしていたか？

この章では、ファッションという視点からティラノサウルスを考えてみましょう。ファッションというものをどのように定義するかはさまざまですが、あまり難しいことを考えずに、「おしゃれ」または「装飾」として、ティラノサウルスのファッションに注目してみます。

おしゃれとは、異性を引きつけるために非常に重要な要素です。人間の場合と同様に、ティラノサウルスでも、おしゃれに長けた個体はパートナーを見つけることができ、あまり上手でない個体は、パートナーを見つけるのに苦労したことでしょう。ただの苦労話なら、たいしたことはないように聞こえますが、パートナーを見つけることは、子孫を残すことに直結するので、命の継続といった視点で非常に重要です。

では、ティラノサウルスは、どのようなおしゃれをしていたのでしょうか？　どの動物でも、ある程度の性的アピールは存在し、それが装飾であったり、行動であったりします。行動は化石に残らないので検証するのは難しいですが、装飾に関しては十分ではないにしても、ある程度の情報が残っています。その一つが、人間でいう洋服にあたる、体表のウロコや羽毛といった構造です。

ウロコというと魚のウロコを思い浮かべる人が多いと思いますが、起源や構造はちがえども、ウロコは爬虫類・鳥類・哺乳類にも存在します。なかでも、体がウロコに覆われている陸上脊椎動物の代表例は、爬虫類です。ウロコによって、爬虫類は、乾燥や外敵から身を守っています。

また、爬虫類には多彩なウロコの色やパターンがありますが、その主な役割は背景と色をなじませて、敵から身を守るカモフラージュです。それだけではなく、コミュニケーションとして体の色を使っているもの(トカゲ類やヘビ類)や突起物で装飾しているもの(トカゲ類やムカシトカゲ類)もいます。

みなさんもご存知のように、獣脚類の一部が生き残って進化した鳥類はティラノサウルスとも遠い遠い親戚です。その鳥類のあしの部分はウロコに覆われていますが、体のほとんどは羽毛に覆われています。最近では、鳥のあしにあるウロコは、羽毛から派生したものともいわれています。鳥類の羽毛には、体の保護、体温の維持、ディスプレイ、飛翔といった役割があります。爬虫類のウロコと同じように、鳥類の羽は、その構造やふくまれる色素によって多彩な色を持っています。さまざまな色とその組み合わせで、敵から身を守るためのカモフラージュとして、また異性を惹きつけるための飾りとして使っているのです。

ウロコから羽毛への進化

ここで、簡単にウロコから羽毛への進化について説明しましょう。羽毛といわれるものは、大きく5段階の進化を経て、ウロコから形を変えていったと考えられています。まず、第1段階は、このウロコから毛のような「羽毛」への進化です。言いかえれば、羽毛の出現です。この単純な羽毛は、原羽毛(プロトフェザー)と呼ばれ、獣脚類の中でも比較的原始的な恐竜(正確には、テタヌラ類)が持っていたとされています。しかし、獣脚類だけではなく、クリンダドロメウスやティアニュロング、プシッタコサウルスといった鳥盤類恐竜、もっといえば恐竜ではない翼竜からも単純構造の羽毛が発見されているので、羽毛への進化は恐竜以前だった可能性はあります。

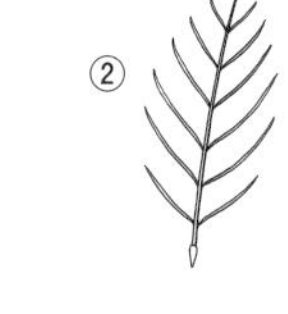

図34 羽毛の進化

第2段階では、単純な毛のような構造が枝分かれをします。真ん中に主軸(羽軸)があり、そこから枝分かれ(羽枝)して羽の原型ができます。ティラノサウルス類のディロングやユティラヌスをはじめ、ベイピアオサウルスなど、コエルロサウルス類に広く見られています。

第3段階は、この枝分かれした羽枝がさらに枝分かれ(小羽枝)していきます。簡単にいえば、第2・3段階は、第1段階の毛のような棒状のものが、枝分かれしていくステージです。

第4段階は、細かく枝分かれした小羽枝の先に、カブトムシの足先のような小さなフックができ、このフックが隣の小羽枝と噛み合います。これらのフックによって、バラバラだった枝が連結し、羽全体が軽くて強い一枚の板状になるのです。これを羽弁といいます。アンキオルニスやプロトアーケオプテリクスがこのタイプの羽を持っていました。

最終段階は、羽弁が羽軸に対して左右非対称になります。これを風切羽と呼びます。第4・5段階は、枝分かれした羽の枝がまとまって板状になるステージです。ミクロラプトルはこのタイプの羽毛を持っていました。おそらく、この羽毛形態を持った恐竜たちは、空を飛ぶことができたのでしょう。

羽毛の役割

これらの羽毛の進化を、化石記録からも追いかけることが可能になってきています。そこで次に出てくる疑問は、羽毛がどのように使われていたかです。羽毛には、大きく分けて、「行動(飛翔をふくむ)」「体温調節」「ディスプレイ」の3つの役割がありますが、どの羽毛の形態がどの役割を担っていたのかはまだ解明されていません。ただし、この3つの役割のうち、最後に進化したのが、「行動」のうちの飛翔だということはほぼ誰も否定していません。

おそらく順番としては、「体温調節」がいちばん最初で、2番目が「ディスプレイ」と考えられています。ただ、個人的には、体温調節とディスプレイはほぼ同時に進化したものだと考えていますが、ディスプレイの表現力は、「第1段階」から「第3段階」へと羽毛の複雑化にともない向上していったのではないかと推測します。

では、恐竜の体は、爬虫類のようにウロコで覆われていたのでしょうか？　それとも、鳥類のように羽毛で覆われていたのでしょうか？　私が子供の頃の恐竜図鑑では、すべての恐竜はワニの皮膚のようにゴツゴツしていました。そのせいか、恐竜がおどろおどろしい怖い動物に見えていました。

いっぽうで、現在の図鑑では、恐竜のなかでも獣脚類といわれる、鳥類に近い恐竜の多くが羽毛に覆われた姿で描かれています。

では、ティラノサウルス類には羽毛は生えていたのでしょうか？　羽毛恐竜発見の歴史を追いながら、ティラノサウルス類に羽毛が生えていた可能性について考えていきましょう。

シノサウロプテリクス

恐竜に羽毛を生やした復元をするきっかけになった恐竜が、中国・遼寧省から見つかった「シノサウロプテリクス」という恐竜です。中華竜鳥とも呼ばれています。この名前の終わりに付いているプテリクス(*pteryx*)は《翼》という意味ですが、中国語では「鳥」と訳され、シノサウロプテリクスが鳥なのか恐竜なのか混乱する人がいるかと思います。しかし、この動物は、鳥ではなく恐竜です。それも、鳥に近い恐竜ではなく、コンプソグナトゥス科に属す小さな獣脚類で、大きくても全長は1メートルほどでした。尻尾が長いのでこの長さになりますが、体の大きさだけならニワトリくらいでしょうか。

1996年にこの恐竜が発表された当時は、「恐竜に羽毛が生えている！」と世界を騒がせました。発見

図35　シノサウロプテリクスの復元画と化石
Photo：Jakob Vinther／University of Bristol 提供

された化石は、頭から尻尾の先までの、すべての骨が残っている美しい状態で、頭の後ろから背中、そして尻尾まで羽毛の痕跡が残っていました。頭の後ろに生えている羽毛の長さは、1センチ程度。そこから背中にかけて長さが長くなり、尾のあたりでは4センチくらいの長さでした。羽毛の形は、原羽毛と呼ばれる単純な毛のような形(第1段階)でした。

このシノサウロプテリクスの発見以降、遼寧省から、プロトアーケオプテリクス、シノルニトサウルス、ベイピアオサウルス、ミクロラプトルと、つぎつぎと「羽毛恐竜」が発見されました。これらの化石によって、「シノサウロプテリクスだけではなくて、獣脚類恐竜には羽毛が生えていたのではないか?」と考えが大きく変わっていきました。

よく「これまでの概念を変えた大きな発見はなんですか?」と質問を受けます。このような大きな発見は毎年あるわけではありません。私がはじめて恐竜化石を発掘したのが高校1年生だったので、36年前の1986年になります。それ以来、私のキャリアの中で最大の発見は、これらの「羽毛恐竜」だったと思います。それは、単に恐竜に羽毛が生えていたという事実だけではなく、鳥類が恐竜の生き残りであるという紛れもない証拠の一つになったということです。

この羽毛をきっかけに、これまで鳥の特徴だと思われていたものが、次々と恐竜から発見され、恐竜から鳥類への進化というものが、確信に変わっていきました。これによって、恐竜研究が飛躍的に進歩したといえるでしょう。

ティラノサウルス類に羽毛が⁉

さて、シノサウロプテリクスといったまぎれもなく羽毛の痕跡が残っている恐竜については、自信を持って「羽毛が生えていました」と宣言できるのですが、すべての恐竜化石に羽毛の痕跡が残っているわけではありません。そのような状況の中で「ティラノサウルスには羽毛が生えていたのか？」という質問を考えてみると、その答えは、「わかりません」となってしまいます。羽毛の痕跡を残しているティラノサウルスの化石はまだ発見されていないからです。

しかし、ティラノサウルスの化石そのものからは羽毛の痕跡は発見されていませんが、ティラノサウルスの仲間の化石には羽毛の痕跡が残っているものがあります。それは、ディロングとユティラヌスです。いずれも、中国・遼

図36　ディロング

寧省から発見されています。
2004年、イギリスの科学雑誌『Nature』にディロングが発表されました。この恐竜は、「ティラノサウルス軍団」の中で二軍に属する、ティラノサウルスよりも原始的なティラノサウルス類です。中国の白亜紀前期バレミアン期(約1億2940万年前〜約1億2500万年前)の地層から発見されました。大きさは1・6メートルとティラノサウルスの8分の1ほどの大きさで、頭の大きさだけだと20センチ程度の小さい恐竜です。ディロングの化石には、羽毛の痕跡があり、ティラノサウルスの仲間としては初めての「羽毛恐竜」となりました。

ただし、シノサウロプテリクスのように、全身に羽毛の跡が残っていたわけではありません。下顎に毛の生えている痕、そして、尻尾の先に角度30度から45度で長さ2センチ程度の毛のような羽毛が残っていました。

ブルサッテが2020年に執筆した論文では、「ディロングの頭と尻尾に毛のような羽毛が生えているということは、全身にびっしりと生えているということだろう。そしてその羽毛は飾りの役割があったのだろう」と紹介されています。その短い羽毛は、風切羽といった、いわゆる私たちが想像するような羽毛ではなく、まさに毛のようなものでした。ただ、シノサウロプテリクスの単純な毛のようなものだけではなく、第2段階のような枝分かれした羽が生えていたのです。少し複雑化した羽が何を意味するかはわかりませんが、体の保護、体温維持、装飾として、ディロングのほうがシノサウロプテリクスよりも優れた羽毛を持っていた可能性があります。

ディロングが発表された8年後、次に発表された羽毛ティラノサウルスの仲間が、全長9メートルの巨大な体をしたユティラヌスです。ディロングと同じ時代で、同じ地域である中国の遼寧省から発見されました。また、ディロングとは異なり三軍メンバーに属します。ユティラヌスの毛の生え具合はどうだったのでしょうか。

ユティラヌスの場合もディロングと同じように、全身に毛が残っていたわけではなく、ごく一部しか発見されていません。まず尻尾から30度くらいの角度をつけて、15センチ以上の毛が生えていました。腰と後ろあしにも毛が生えていますが、どんな構造かはよく見えません。首の上や前あしにも毛が生えているようです。首のほうは、タテガミといったところでしょうか、20センチ以上あります。前あしは、それよりも短く16センチ程度。はっきりと残っているのは、このくらいですが、おそらくユティラヌスの全身は、毛で覆われていただろうと考えられました。羽毛の形もディロングと同じようなものでした。

9メートルという巨大な体に20センチもない羽毛。近づけば羽毛が一本一本生えている様子がわかると思いますが、9メートルの全身が見えるくらい下がって見たときには、馬の体の毛を見るように、絨毯のような毛で覆われている印象だったのではないでしょうか。当時の中国は、寒冷だったということもあり、この羽毛はその気候で過ごすのに役立ったと考えられています。

ティラノサウルス類の色はわかるか？

これらの羽毛の色はわかっているのでしょうか？　以前は「恐竜の色はわからない」とされていましたが、現在はわかってきています。メラニン色素という言葉はよく知られている言葉です。髪の毛の成長にしたがい、髪の毛の内部にメラニン色素が充填され黒い髪の毛が生えてきます。このメラニン色素を作り出すメラノサイトの活動が落ちると、メラニン色素の生成が落ち、白髪になっていきます。また、日焼け、シミ、ホクロに関してもメラニン色素という言葉が出てきます。

このメラニン色素がメラノソームという袋のようなものにためられ、その形によって色が異なるということがわかっています。このメラノソームという構造が化石となって残っていることがあり、これを応用して恐竜の色がわかってきました。球形に近いとオレンジ系で、長細いと黒系の色ということから、恐竜の色、特に羽毛の色が判明してきました。

たとえば、先に紹介したシノサウロプテリクスは、茶色の羽毛が生えていたことがわかっています。尻尾の部分は、茶と白の羽毛が縦縞になっていたと考えられています。また、みなさんもご存知の始祖鳥は、マットブラックの色をしていたともいわれています。ディロングとユティラヌスに羽毛の痕跡が残っており、これらの色の研究ができる可能性はありますが、残念ながら現在までのところティラノサウルスの仲間の色については研究されていません。

ティラノサウルスは羽毛かウロコか？

さて、ユティラヌスが発見されてから10年経ちましたが、現在のところ、ディロングとユティラヌス以外で羽毛の痕跡が残っているティラノサウルスの仲間の化石は発見されていません。

世界中から恐竜化石は見つかっていますが、ウロコや羽毛の痕跡が残っている化石は非常に稀なのです。恐竜全般でみたとき、２０１９年の研究によると、ウロコや羽毛を残した化石は、白亜紀の地層から54個、ジュラ紀の地層からは23個、三畳紀からはなんとゼロです。こんな少ない化石記録から、恐竜全体の毛のような羽毛や羽弁のある羽の起源について議論した研究がありますが、あまりのデータの少なさのため、確信に至ることはありませんでした。ただ、解析の結果によると、ティラノサウルスの仲間には、毛のような羽毛が生えていた可能性が高いと結論づけられています。

いっぽう、2017年の研究では、羽毛の痕跡ではなく、ウロコの痕跡に注目しました。ティラノサウルスの仲間にウロコの痕跡が残っているという情報は入ってきていましたが、それをまとめた論文は出ていませんでした。私もモンゴルのゴビ砂漠の化石産地で、ティラノサウルス類の一軍メンバーであるタルボサウルスの皮膚の痕が残っている化石を目の当たりにしたことがあります。非常にきれいにウロコの構造を残しており、腰から尻尾にかけてウロコが残っていました。ただ、この化石も全身骨格ではなかったので、首や背、前あしなどの他の部分もウロコで覆われていたかどうかはわかりません。

2017年の研究では、いくつかのティラノサウルスの仲間の化石、つまりアルバートサウルス、ゴルゴサウルス、ダスプレトサウルス、タルボサウルス、そしてティラノサウルスを対象としました。

アルバートサウルスとゴルゴサウルスのお腹や腰や尾に、ウロコの痕跡が残っていました。ウロコ一つ一つの大きさは驚くほど小さなものでした。アルバートサウルスのお腹の部分に残っているウロコは、大きいもので7ミリ、小さいものは1・4ミリしかありませんでした。また、ゴルゴサウルスの尾付近に残っているものは、小さいもので2・5ミリ、大きくても4・9ミリしかありませんでした。

そして、ティラノサウルスの骨格には、首、腰、そして尾の部分に、パッチ状にウロコの痕跡が残っていました。個々のウロコは、楕円形、四角形、三角形、五角形、六角形と多様な形をしていました。大きさは小さく、直径1センチ以下のものしかありませんでした。体の大きさが10メートル以上あったティラノサウルスが、たった1センチ程度のウロコに覆われていたと考えると、全身で一体いくつのウロコがあったのか興味深いところです。

これらウロコの残っているティラノサウルスの仲間は、巨大化した生態系の頂点を支配したティラノサウルス一軍のメンバーたちです。ウロコが残っている部分を考えると、首、お腹、腰、尾です。ティラノサウルスの体の大部分はウロコで覆われていたと考えるのが妥当かもしれません。

いっぽうで、この論文では「もし羽毛が部分的に生えていたとしたら、背中だけだっただろう」と記されています。さらに、「これら大人のティラノサウルスの仲間にウロコがあるからといって、これらの子どもに羽毛が生えていたことを否定するものではない」ともいっています。

ウロコと羽毛の進化は、一筋縄で説明できるものではなく、同じ恐竜の仲間のなかでも、進化の過程で、比較的頻繁にウロコから羽毛へ、羽毛からウロコへと変化した可能性があります。

彼らの研究では、ティラノサウルスの仲間がジュラ紀に出現した時には、毛のような羽毛を生やしていた可能性が9割程度あったとし、ティラノサウルス科（ティラノサウルス一軍）になると逆に9割の可能性でウロコに覆われていたという結果を示しました。

一軍になると、羽毛からウロコに変わったという点は、非常に面白いと思っています。一軍の特徴の一つには、巨大化ということがあります。巨大化すると、多少の気温の変化は、羽毛に頼らずとも、日中に体内で貯められた熱を慣性的に維持することができます。体が十分に大きく、温暖な環境に棲んでいた一軍のメンバーたちにとっては、体温維持のために羽毛を持つ必要がなかったのかもしれません。

さて、「ティラノサウルスには羽毛が生えていたのか？」という問いに戻りますが、前に「わかりません」と答えました。たしかに羽毛やウロコがすべて残っているティラノサウルスの全身骨格は発見されていないので真実はわかりません。しかし、現在の研究を基にすると、ある程度推測することができます。ティラノサウルスの体のほとんどはウロコに覆われており、もしかしたら背中に毛のような羽毛が生えていたかもしれません。その毛の長さは、ユティラヌスのように20センチ程度の短いものだったのでしょう。そして、ティラノサウルスの子供は、大人のティラノサウルス同様に全身のほとんどがウロコで覆われていた可能性も、ディロングのように全身が羽毛で覆われていた可能性も、両方とも考えられます。

ティラノサウルスは、比較的温暖な地域に棲んでいた恐竜ですが、もしもっと北の寒冷な地域に移動したものがいれば、ユティラヌスのようにその寒冷な気候に合わせて背中だけではなく体の部分にも羽毛を生やしていた可能性があると思っています。北アメリカでも北極に近いエリアに棲んでいたナヌクサウルスには、その可能性があります。

しかしながら、装飾としての羽毛という意味では、大人になったティラノサウルスは、羽毛でおしゃれをしていた可能性は少なかったと考えられます。子どものティラノサウルスの全身に羽毛が生えていたとしても、それは飾りではなく、体の保護と体温維持であった可能性が高いでしょう。

ティラノサウルスは頭でおしゃれをしていた？

では、ティラノサウルスは、おしゃれをする必

図37　ナヌクサウルス、ティラノサウルス、ティラノサウルスの子供

要がなかったのでしょうか？　もしかしたら、その存在自体が、その大きさがティラノサウルスの存在のアピールになっていたのかもしれません。また、化石に残らない行動でのアピールがあったのかもしれません。ただ、ティラノサウルスをふくむ獣脚類には、アピールする方法がもう一つあります。それは、頭の骨による装飾です。

２０１６年に発表された研究に面白いものがあります。それは、頭の装飾と体の大きさに関するものです。この研究の仮説は、大きな体を持った獣脚類ほど頭に装飾を持つというものでした。獣脚類１１１種類を対象とし、頭に装飾を持つか持たないか、そしてそれらの体重と、どのような関係にあるかを検証しました。

その結果は、比較的鳥に近い恐竜たち(マニラプトル形類)をのぞくと、大型の獣脚類の頭には装飾があり、小型の獣脚類には装飾がないという傾向が明らかになったのです。検証されたなかにはティラノサウルスの仲間たちもふくまれています。

ティラノサウルスの仲間のなかでも、小型のものは装飾がないか小さく、大型のもの(特にティラノサウルス科)には装飾がありました。その装飾とは、眼の上あたりの骨(涙骨、後眼窩骨、頬骨)に3つか4つの小さなツノのような飾りのことです。これを「涙骨角(lacrimal horn)」と呼びます。このツノは、原始的なティラノサウルス類では小さいですが、ティラノサウルス科になると比較的大きく高く発達しています。ここで「比較的」と表現したのは、牛のような大きなツノではなく、ほんの飾りのような小さなツノだからです。

ここで「小さいティラノサウルスの仲間の頭にも装飾があるのでは?」または「大きな獣脚類でも装飾のないものもあるのでは?」と思った人は、かなり詳しい人です。その通りで、小型のプロケラトサウルスの鼻の上にはトサカがあり、グアンロングにも、大きな半月状のトサカがあるのは有名です。いっぽうで、ティラノサウルス類ではないですが、カルカロドントサウルスやアクロカントサウルスといった大きな獣脚類には装飾がありません。これらのような例外があるにしても、獣脚類全体で見た場合、「大きい獣脚類の頭には装飾がある」という傾向が見られたのです。

さらに、「比較的鳥に近い恐竜たち(マニラプトル形類)をのぞく」というのがまた面白いところです。これらのマニラプトル形類の恐竜たちにはある共通点があります。それは、これらの恐竜たちは羽弁の発達した羽が生えていた可能性が高いのです。つまり、羽弁を持つ羽は、飾りとして機能していたため、わざわざ頭に装飾をつけなくてもいいという理屈なのです。このマニラプトル形類の中にはガリミムスといった大きな恐竜がいましたが、頭に装飾はありません。デイノケイルスという全長11メートルを超える恐竜の頭にも装飾がありませんが、この恐竜の背中には大きな帆がついていたので、それを飾りとして使っていたのでしょう。また、当然ながら例外もあります。オヴィラプトロサウルス類のアンズやリンチェニアなどは、頭にトサカを持っています。いずれにせよ、鳥に近い羽弁の羽毛を持った恐竜たちは、トサカではなく、羽毛を使ってアピールをしていた可能性があるということは興味深いです。これは、裏を返すとティラノサウルスの仲間たちは、羽毛ではなく、頭の装飾で自己アピールをしていた可能性があるということです。

おしゃれと繁殖

冒頭で、「ファッションという視点からティラノサウルスを考えてみましょう」と言いました。ティラノサウルス類の進化の流れを考えたとき、そのファッションの流れもまた見えてきます。体の小さな原始的なティラノサウルス類は、毛のような羽毛で全身を覆っていました。いまのところ色はわかっていませんが、単に棒状の羽毛ではなく、分岐した羽毛だったということから、少し複雑化した羽毛だったことがわかります。これはもしかしたら、より原始的な獣脚類が生やしていた原羽毛よりも、おしゃれだった可能性が高く、羽毛の模様や色で装飾をしていたのかもしれません。また、なかにはプロケラトサウルスやグアンロングのように、羽毛に加えて頭にトサカを持ち、高いコミュニケーション能力を持っていたものもいました。

巨大化したティラノサウルス類は、その大きな体のため、体温維持のための羽毛を必要としなくなり、体を覆うものは、羽毛からウロコへと変わりました。そのウロコは、直径1センチ以下という小さなものでした。もしかしたら背中には短い羽毛が生えていたかもしれませんが、体のほとんどはウロコで覆われていました。羽毛の装飾というものを失ったティラノサウルス類は、小さいながらも頭に装飾を持って、自己アピールをしていた可能性があります。10メートルを超える体に対して、10センチにも満たない頭の「ツノ」。これにどのくらいアピール力があったのかはわかりませんが、巨大化したティラノサウルスの仲間にとっては大事なものだったのでしょう。

いまの時代の若者も一生懸命おしゃれをしています。私たちの年代には理解できないものが多いですが、おしゃれというものを通じて、コミュニケーションをとっています。ティラノサウルスの仲間たちも十分なアピールをし、交配相手を見つけることができたからこそ、白亜紀後期の後半には、地上を支配することができたのです。アジア大陸と北アメリカ大陸という広い地域を支配することができたことからも、その繁殖能力が非常に優れていたのは明らかです。

とはいえ、ティラノサウルス類のおしゃれは、私個人には理解できず、お世辞にもティラノサウルスがおしゃれだったとは言いかねます。おしゃれとは、奥が深いものですね。

第3章　ティラノサウルスのエンゲル係数「食べ物」

ティラノサウルスは何を食べて生きていたのか？

「あなたは何を食べて生きていますか？」

このような質問に、みなさんはどのように答えるでしょうか？　今朝、卵焼きを食べたというように、いつ何を食べたかという質問なら、憶えているかどうかは別として、答えははっきりしています。しかし、生きている数年や数十年にわたる生活の中で、何を食べているかということになると、簡単には答えられません。和食も食べるし、洋食も、中華も。肉も野菜も、果物も食べます。ご飯もパンも、麺も食べるとなると、「あなたは何を食べて生きているか？」という質問に的確に答えるのは難しくなります。いちばん妥当な回答は、「雑食」でしょうか。そう考えると、「ティラノサウルスは何を食べていたんですか？」という質問の答えも、同様の問題をはらんでいて、一言で答えるのは難しいのです。

ティラノサウルスが何を食べていたかを知るための理想的な状況は、タイムマシンで

7000万年前にタイムトラベルし、目の前で観察することです。または、映画『ジュラシック・パーク』のように、DNAを解析し恐竜を蘇らせてもいいかもしれません。しかし、残念ながら、現在の技術ではどちらも実現できません。

ティラノサウルスは肉食恐竜

まずは、「ティラノサウルスは、肉食ですか？　植物食ですか？　それとも雑食ですか？」という大きなくくりの問いへの答えから始めましょう。ティラノサウルスは、まちがいなく肉食の恐竜です。1905年にティラノサウルス・レックスと命名したヘンリー・オズボーンも、「まちがいなくハドロサウルス科や角竜類の主な敵」「脊椎動物の中で最も優れたメカニズムを持ち、脅威を与える破壊力とスピードを持っている」「同時期に生きていた巨大な植物食恐竜を攻撃して捕食するために存在した」と表現しています。そして彼は、「暴君トカゲの王」という意味のティラノサウルス・レックスと命名しました。それ以来、これまでの研究史の中で、ティラノサウルスの肉食性について疑問を持った研究者はいません。顎や歯の構造から、肉食性だったのは明らかです。

肉食の中でも、ティラノサウルスは生きている獲物を襲って食べていた捕食者だったという説と、死んだ肉を食べていた腐肉食者だという説があります。わかっているところでは、ティラノサウルスにはさまざまな武器が備わっており、現在の研究では、捕食者だったと考えられています。それについては、次章でも紹介します。

それでは、ティラノサウルスは、具体的に何を食べていたのでしょうか？　それを探るにはいくつかの方法があります。確実なのは、その瞬間を目撃する「現行犯的な」証拠による証明ですが、これは不可能なので、ここでは除外します。次の方法には、状況証拠と物的証拠があります。

状況証拠としては、ティラノサウルスと同じ空間と時間を共有していた恐竜が獲物になっていたという推測ができます。

本書の「はじめに」で紹介したように、世界で最も有名な恐竜化石の産地であるアメリカ・モンタナ州のヘルクリーク層のデータによると、ティラノサウルスとは多くの植物食恐竜が共存していた可能性が高いです。もう一度そのデータを紹介すると、次のようになります。

1位　トリケラトプス　73個体（40％）
2位　ティラノサウルス　44個体（24％）
3位　エドモントサウルス　36個体（20％）
4位　テスケロサウルス　15個体（8％）

5位　オルニトミムス　9個体（5％）
6位　パキケファロサウルス　2個体（1％）
6位　アンキロサウルス　2個体（1％）
（計181個体）

ティラノサウルス以外は、植物食の恐竜です。つまり、すべてが獲物として対象になります。トリケラトプスやエドモントサウルスのように大きなものから、テスケロサウルスやパキケファロサウルスのように小さなものまで。そして、アンキロサウルスのように足の遅いものから、オルニトミムスのように俊足のものまでいます。

ここで、現在生きている肉食動物のライオンの行動を考えてみましょう。ライオンは、中型から大型の哺乳類を食すといわれていますが、状況によっては、そのときその場で襲えるものを獲物とします。小さな哺乳類や、鳥、爬虫類など、お腹が空けば、好みなんて言っていられないというのが実際でしょう。これは、ライオンに限らず、肉食動物全般にあてはまります。

ティラノサウルスも同じだったことでしょう。理想は、肉がたくさんついているトリケラトプスやエドモントサウルスといった大型の恐竜でしょうが、それらがいなければ、目の前にいる恐竜を食べていたと想像できます。恐竜がいなければ、他の動物たちを食べていたでしょう。仮に、大型の恐竜が目の前にいても、集団で行動されることでしとめることができなかったり、激しい反撃によってティラノサウルスが威嚇（いかく）されてしまうこともあったでしょう。そのようなときに、たまたま弱っているオルニトミムスがいれば、ティラノサウルスは襲って食べていたのでしょう。

タルボサウルスは何を食べていたのか？

ティラノサウルスの近縁種、モンゴルのタルボサウルスが何を食べていたのかも、同じように想像することができます。タルボサウルスが発見されているネメグト層からは、たくさんの植物食の恐竜化石が見つかっており、アメリカと同じような生態系が確立されていたと考えられています。その証拠に、大陸はちがえども、次のように、似たような恐竜が発見されています。

- ティラノサウルス↓タルボサウルス
- エドモントサウルス↓サウロロフス
- オルニトミムス↓ガリミムス

・パキケファロサウルス↓プレノケファレ
・アンキロサウルス↓タルキア

ネメグト層からは、トリケラトプスのような角竜は発見されていませんが、そのかわり、大型の竜脚類(ネメグトサウルス)や大型の植物食の獣脚類(デイノケイルスやテリジノサウルス)が発見されています。

この状況証拠から、タルボサウルスは、サウロロフスを獲物としていた可能性が高いと考えられます。さらに、ネメグトサウルスやデイノケイルス、そしてテリジノサウルスなども襲っていたかもしれません。状況によっては、小型の恐竜も食べていたことでしょう。

もっと想像を広げてみましょう。ネメグト層と同じ時代の日本には、ハドロサウルス類のカムイサウルスやヤマトサウルスが棲んでいました。距離が3000キロ程離れていますし、確実な証拠はまだ見つかっていませんが、タルボサウルスかそれに近い大型の肉食恐竜がカムイサウルスやヤマトサウルスを襲って食べていた可能性

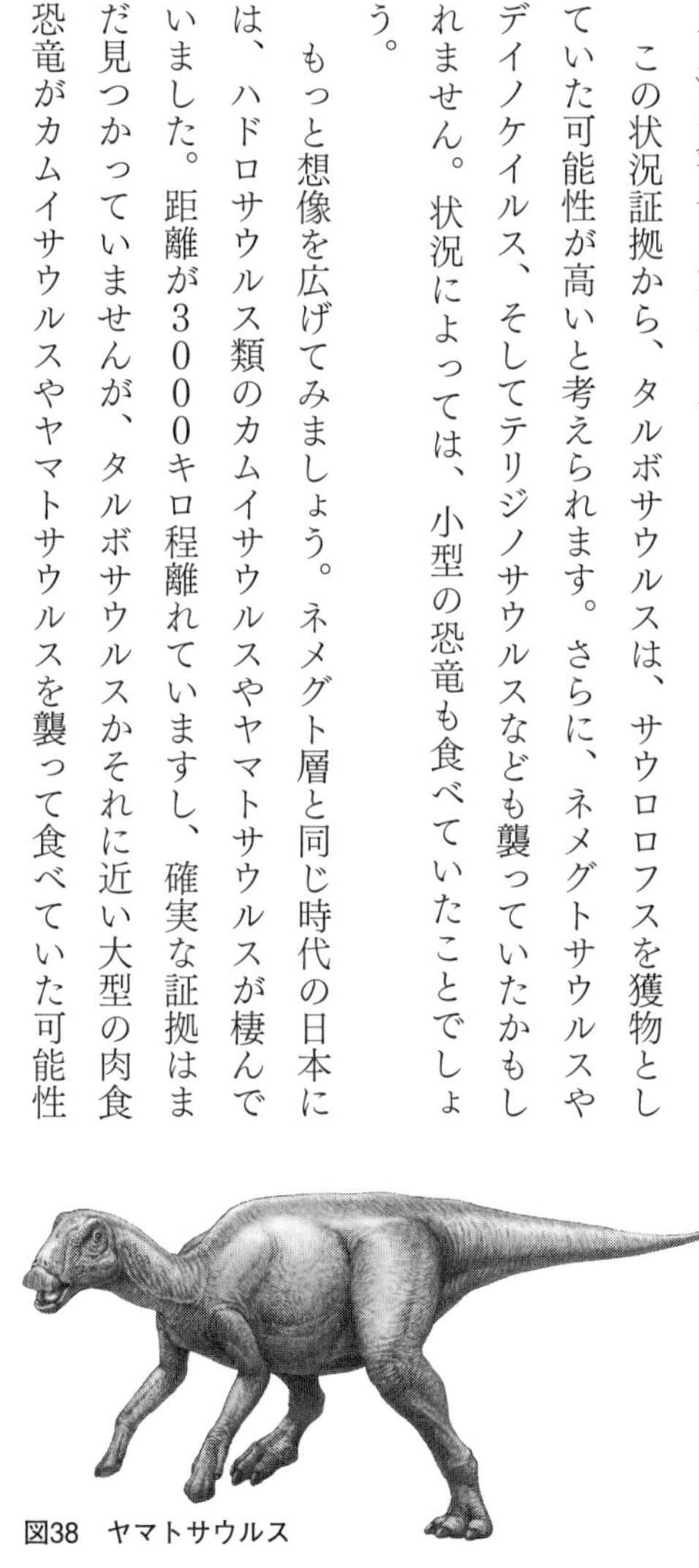

図38　ヤマトサウルス

は十分あります。なぜなら、大きな獲物となる恐竜がいる場所には、大型の捕食者がかならずいるからです。獲物を追いかけるようにして、大型の肉食恐竜も生活範囲を広げていくのです。

このように、状況証拠だけであれば、無限に想像は広がります。ここから、物的証拠について考えてみましょう。

ティラノサウルスの噛み跡

物的証拠としてよく使われるのが、噛み跡です。恐竜の骨化石の表面を詳しく観察すると、不自然な窪みや溝が観察できることがあります。昆虫が骨を食べていた痕であったり、恐竜以外の肉食性の動物によって食べられた痕でも、このような構造が残されることがあります。

ティラノサウルスの噛み跡の代表的な研究に、1996年にフロリダ州立大学のグレゴリー・エリクソンによって発表された論文があります。モンタナ州のヘルクリーク層から見つかったトリケラトプスの腰の部分の骨に、まちがいなく噛み跡と思えるものが58ヵ所残されており、さらに噛み跡かもしれないものが22ヵ所残されていました。合計80ヵ所の噛み跡が確認されましたが、そのほかにも、噛み跡の上にさらに噛み跡と思われるものが残されており、正確な数がわからないほど多くの噛み跡がつけられていました。
この噛み跡を、次の4つの理由でティラノサウルスが噛んだ痕と判断しました。

・非常に大きなサイズ。穴は直径2・5センチにもおよび、深さは3・7センチもある。
・穴が円形をしている。ティラノサウルス科以外の恐竜は、歯が扁平なため、楕円になる傾向がある。
・穴と穴の間隔が広い。4センチ程度ある穴の間隔はティラノサウルスの歯の間隔と一致する。
・この地層から出る恐竜でこれだけ大きく、骨にダメージをあたえられるのは、ティラノサウルスだけ。

エリクソンの推測が正しければ、トリケラトプスの噛み跡は、ティラノサウルスのものであり、言い

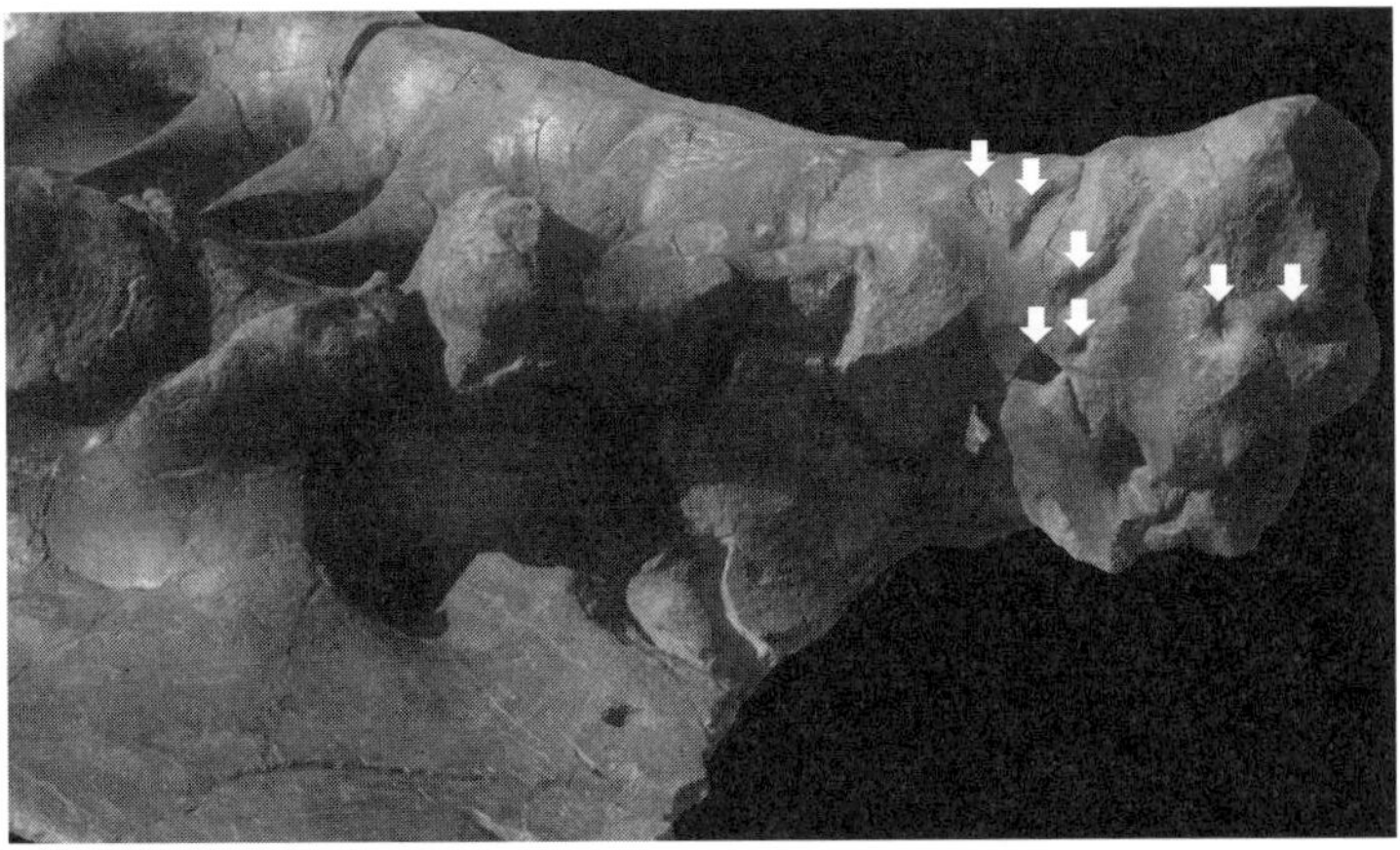

図39 トリケラトプスの骨盤に残された、ティラノサウルスの噛み跡
Photo：Gregory M.Erickson提供

かえれば、ティラノサウルスは、トリケラトプスを食べていたという証拠になります。

　トリケラトプスの腰の背骨(仙椎)の横や下の部分に噛み跡が39ヵ所残されており、しかも、その多くが腰の前の部分にありました。そして、噛み跡の多くが、ティラノサウルスの上顎骨の前方にある大きな歯と一致していました。脊椎の横に伸びる骨(横突起)には、ティラノサウルスの前上顎骨の歯の跡が浅く残っていました。さらに、腰の骨(腸骨)には、19ヵ所の噛み跡が残っていました。それらの多くは、うねった溝になっており、これらもティラノサウルスの上顎骨の前方にある大きな歯と一致するのです。

　このことから、ティラノサウルスがトリケラトプスを食べるときに、上顎骨の大きな歯を使って腰の前の部分に噛みつき、腰を外して食べ、そして、横突起についていた肉を前の歯でつまんだり、大きな歯で腰の横についている肉を食べていたりしていたということが想像できます。

　また、このトリケラトプスの化石のすぐそばから、エドモントサウルスの足の指の骨が見つかりました。この骨にも、ティラノサウルスの噛み跡が見つかりました。エドモントサウルスもティラノサウルスの獲物確定です。この骨には、うねった溝が残されており、しかも指の骨の付け根に集中していました。おそらく、食べるために、死骸から指を切り離すときについた傷ではないかとエリクソンは考えました。

ティラノサウルス以外の肉食恐竜が噛んだ痕には、鋸歯(きょし)の痕が残されることが多いです。鋸歯の痕とは、平行したたくさんの線でできたものです。鋸歯とは歯に並んだ小さなギザギザで、ステーキナイフやノコギリの歯に例えられます。それらの道具を横に移動すると、平行した線の痕がつきます。同じような過程で、鋸歯のついた肉食恐竜は、餌食となった植物食恐竜の骨の上に平行した線の痕を残します。

しかし、このトリケラトプスには、鋸歯の痕がほとんど残っていませんでした。それよりも、大きな穴と、歯をひきずったような溝が残されていたのです。これは、ティラノサウルスが、力にまかせて、その強靭な顎と歯で、獲物の肉を貫き、骨まで達し、強引に肉を引きはがすという方法で獲物を食していたことを示しています。しかも、トリケラトプスの骨のダメージからすると、骨も飲み込んでいたと考えられました。肉食の動物が骨を飲み込むことはよくあることで、骨をカルシウム源にしています。ティラノサウルスも、そうだった可能性があります。

エドモントサウルスの尻尾に噛みつく

骨に残された噛み跡の研究は、状況証拠から推測されたことと一致しました。大きな肉食恐竜が、大きな植物食恐竜を襲うという、ある意味「当たり前」のことが証明されたということです。

ただ、このように嚙み跡が残っている化石の発見から、ティラノサウルスがどのようにして「食事」をしたのかもみえてくるというのは面白いと思いませんか？ 小さな前上顎骨の歯で肉をつまんで食べ、ちょっと固そうなところは、上顎骨の大きな歯を使って、力を込めて肉を貫き、骨ごと引きはがして食べたことまでわかってしまいます。

骨ごと食べる、ということに関連した研究に、エリクソンが論文発表した10年ほど後に、エドモントサウルスの尻尾に、ティラノサウルスにかじられた痕が残されているという報告がありました。それ以外にも、ブラキロフォサウルスの尻尾にも、ダスプレトサウルスのかじった痕が発見されています。ちなみに、これらのかじられた尻尾には、治癒した痕もあるので、彼らは餌食にならず、逃げ延びたことになります。ティラノサウルスやその仲間たちが、ハドロサウルス科を獲物として襲っていたことや、襲うときには尻尾を狙っていたのがわかります。このときのティラノサウルスは、エドモントサウルスをしとめそこねたようですが、少なくとも尻尾の一部の筋肉と、その中にあるカルシウム源は確保できたのでしょう。

餌食になった恐竜たち

獲物となったのは、この2種類だけでしょうか？　状況証拠では、他の恐竜も食べていた可能性が考えられます。そこで、紹介したい論文が、2010年にバース大学のニック・ロングリッチらが発表したものです。彼らは、モンタナ州のヘルクリーク層だけでなく、同じアメリカのワイオミング州やカナダのアルバータ州やサスカチュワン州から発見された、さらに多くのティラノサウルスの噛み跡が残されている標本を観察しました。すると、17個の化石に噛み跡が残されていることがわかりました。その17個の骨の持ち主は、じつにさまざまな恐竜たちでした。

まず、トリケラトプスをふくむ角竜類の骨が6個。トリケラトプスにまちがいないとされているのは1つだけでした。トリケラトプスの頭の骨(鱗状骨)に、ティラノサウルスが噛んだ痕が残っています。他の5つの骨は、トリケラトプスかどうかわかりませんが、角竜のものです。フリルが1つ、下顎1つ、腰の骨2個、そして足の骨1個です。

つぎに、エドモントサウルスの骨が5個。エドモントサウルスは、下顎の骨に噛んだ痕がついていました。あとは、エドモントサウルスかどうかわかりませんが、ハドロサウルス科の足の骨が2つ、腰の骨1つ、そして尻尾の骨1つに歯形がついていました。

さらに、テスケロサウルスなどの鳥盤類の骨が2個。これは、ハドロサウルス科のような比較的大きな恐竜ではなく、小型の恐竜です。この恐竜のあしの骨と肋骨にも歯型がついていました。

最後に、ティラノサウルスの骨が4個。ティラノサウルスの骨にティラノサウルスの嚙み跡がついているのは驚きですが、これに関しては後の章で共食いについて紹介します。

トリケラトプスとエドモントサウルスの骨に嚙み跡がついていることに、驚きはありませんが、エリクソンらの論文とは異なり、腰だけではなく、頭のフリルに嚙みついているのが新事実です。エドモントサウルスについても、足の指や尻尾だけではなく、頭にかじりついていたこともわかりました。

２０１２年のアメリカの古脊椎動物学会で、ティラノサウルスがどのようにしてトリケラトプスを食べていたか、少し踏み込んだ内容が発表されています。それによると、１００個以上のトリケラトプスを観察し、8個体以上の化石の表面に、14ヵ所のティラノサウルスの嚙み跡が発見されました。嚙み痕が残っていた骨のなかには、フリルを構成する骨（鱗状骨と頭頂骨）もありました。これは、ロングリッチらの研究と一致します。さらに、２０１８年には、クイーンメリー大学のデイヴィッド・ホーンらが、カナダから発見されたセントロサウルスのフリルに、ゴルゴサウルスの嚙み跡がついていることを報告しています。フリルには、肉がほとんどついていないのに、なぜティラノサウルスやゴルゴサウルスは執拗にもこの部分を噛んでいたのでしょうか？

この研究では、頭の付け根（後頭顆occipital condyle）にも噛み跡があることから、ティラノサウルスは、フリルに噛みつき、頭をもぎ、頭の後ろについている肉を食べていたのではないかと推測していました。先に紹介したエリクソンらの研究では、腰の部分を食べると考え、この研究では、首の部分を食べたと考えています。個人的には、どちらもあり得たと思います。ティラノサウルスも肉のたくさんある部分を食べるのは当然のことだからです。

タルボサウルスは手羽先が好き？

先程の状況証拠の説明で、アメリカのヘルクリーク層とモンゴルのネメグト層の対比をしました。それではここで、物的証拠をもとに、ネメグト層のタルボサウルスはどんなものを食べていたのか考えてみましょう。

2011年に、クイーンメリー大学のデイヴィッド・ホーンらは、ネメグト層から発見されたほぼ完全に骨がそろっているサウロロフスの全身骨格を観察しました。このサウロロフスは、全長が12メートルもある、大人に近い個体でした。この全身をくまなく観察したところ、上腕骨にタルボサウルスの噛み跡がついていました。

何か不思議な感じがしないでしょうか？　全長12メートル。そして、タルボサウルスにとって格好の獲物であるサウロロフス。美味しそうな肉は、あしにもあれば、お腹にもあり、尻尾にもあります。なのにもかかわらず、前あしの骨にしか噛み跡がついていないのです。

恐竜の全身骨格には、200以上の骨がありますが、なぜか上腕骨の1つにだけ、タルボサウルスの噛み跡が残っていたのです。しかも、この上腕骨には、かなりの数の噛み跡が残っていたのです。その噛み跡は骨の両端に集中し、特に筋肉のたくさんついている端に、より多くの噛み跡がついていました。その噛んだ傷は、長さ4センチ程度、深さ1センチ程度とかなり深いものでした。

もしかしたら、このサウロロフスを食べたタルボサウルスはそんなにお腹が空いていなくて、こんなご馳走を前にしても、腕だけ食べたのかもしれません。そう考えると焼き鳥のなかでも手羽先を好きな人がいるように、タルボサウルスも腕を好んで食べていたのかもしれません。あるいは、タルボサウルスは、サウロロフスを襲って食べたのではなく、見つけたのは死骸であって、そのほとんどが腐敗していて、腕くらいしか食べられなかったのかもしれません。

ホーンらは、タルボサウルスは、サウロロフスの死骸を食べたと考えました。サウロロフスに襲われたケガがないことと、もし襲っていたのであれば、もっと食べ尽くしていただろうというのです。それでも謎は残ります。現在のアフリカでは、肉食の哺乳類が獲物をしとめると、肉のたくさんついているお腹や後ろあしを食べます。前あしは、肉が少ないので、食べるのは、お腹や後ろあしよりも後になります。それなのに、サウロロフスのお腹の骨にも後ろあしにもほとんど噛み跡がないのです。

ホーンらは、この謎について、「サウロロフスが死んだあと、体のほとんどが土砂で埋もれ、なぜか前あしだけが地表に露出していたのではないか」と考えました。そして、上腕骨に残された筋肉や軟骨などを漁(あさ)っていたというのです。

意外に繊細な食べ方

タルボサウルスが食べていたものを、もう一つ紹介します。これは、私も発見や研究に関わっているものです。2008年のモンゴルでの発掘調査では、1965年に

図40　サウロロフスを食べるタルボサウルス

ポーランドとモンゴルの共同調査隊がデイノケイルスを見つけた場所を訪れ、デイノケイルスの腹肋骨を発見しました。長さ6センチと7センチの小さな骨2本でしたが、その骨に噛み跡が残っていました。骨ごと肉を噛んで開けられた穴と噛んだときに歯の先が骨を削ってできた溝でした。

ティラノサウルスがトリケラトプスの骨に残した傷には、鋸歯の痕は非常に少なかったですが、この化石には平行した線が残されていました。私たちは、その細い溝の形と大きさに注目しました。タルボサウルスの鋸歯一つの幅が1ミリ程度、そしてデイノケイルスの腹肋骨に残された傷の幅も1ミリ程度と一致したのです。1965年の発掘で発見された、デイノケイルスの腕の骨に噛み跡がないか調べてみると、そのような痕跡はありませんでした。

つまり、このタルボサウルスは、デイノケイルスを

図41　タルボサウルスの噛み跡のついたデイノケイルスの腹肋骨　Photo：Phil Bell提供

襲って、あるいは見つけた死骸のお腹の部分から漁っていたということが考えられるのです。これは、アフリカの肉食哺乳類の行動と一致し、美味しい肉がたくさんついているところからタルボサウルスはデイノケイルスを食していたということになります。

私が個人的にヘルクリーク層やネメグト層の噛み跡の研究で面白いと思うのは、ティラノサウルスたちの意外に繊細な獲物の食べ方です。ティラノサウルスやタルボサウルスは、映画のように、「ガオッ!」と襲って「ムシャムシャ」という感じではなく、しとめた獲物や死骸から器用に肉を剝がしながら食べていたというところが印象的です。より身近に感じ、現在のライオンなどの動物を見ているのとあまり変わらないという感じがします。

ウンチは語る

噛み跡の他にも物的証拠はあります。これまで紹介した物的証拠が、たとえれば冷蔵庫に入ったチーズに残された噛み跡とすると、もう一つの物的証拠はトイレにあります。

口に入れた食べ物は、体を通って肛門から便として出てきます。便は、健康のバロメーターとしても使われますし、出てきた便を見ると、未消化のものがふくまれており、前日何を食べていたかわかることもあります。恐竜の便が残っていれば、健康状態まではわからないにしても、何を食べていたかわかる可能性があるのです。

1998年に、ティラノサウルスの糞について有名な論文が発表されました。コロラド大学のカレン・チンらは、カナダのサスカチュワン州から発見された石の塊を報告しました。大きさは長さ44センチ、幅16センチ、高さ13センチ、重さ7キロの塊でした。アメフトのボールが、長さ30センチ幅17センチくらいですから、それをもう少し長くした感じでしょうか。大きいといえば大きいですが、手で持てないことはないサイズ感です。

チンらは、この塊をティラノサウルスの糞だと推測しました。理由は、この塊に骨がふくまれていることと、その大きさでした。この地層から発見される恐竜のなかで、これだけ大きな糞をする肉食恐竜は、ティラノサウルスしかいないからです。

形は、アメフトのボールのような楕円というよりも、水滴のような形と表現できると思います。片方は丸く、もういっぽうは少し尖っている感じです。犬や猫を飼っている人はわかると思いますが、糞をしている途中で肛門を締めると、糞がちぎれます。そのときに、ちぎれたほうが尖っていますが、ちょうどそのような感じです。もちろんティラノサウルスにも肛門がありますので、おそらく肛門を締めてこの糞を出したのでしょう。

図42　ティラノサウルスの糞化石　Photo：アフロ

この糞には、未消化の骨が残されていました。それらは、比較的大型の恐竜のトリケラトプスやエドモントサウルスのものである可能性が考えられています。それらの恐竜を食べていたこと、糞の大きさからティラノサウルスのものであると推測されています。

ただ、ティラノサウルスの糞と思われるのはこの1点だけ。あまりにサンプル数が少なく、これが本当にティラノサウルスのものなのかは確信が持てません。そういう意味では、糞の化石は、限りなく状況証拠に近い物的証拠といえるでしょうか。

ダスプレトサウルスの胃の中味

嚙み跡が「口」、糞の化石が「肛門」であれば、「内臓」の化石はあるのでしょうか？　内臓の化石は、かなりの条件がそろわないと保存されることはないのですが、胃の内容物が化石になることが稀にあります。ティラノサウルスの胃の内容物の化石はいまのところ発見されていません。ただ、ティラノサウルスの仲間のものであれば、化石が発見されています。現在研究中なので、本書では詳しく説明できませんが、少なくとも2種類のティラノサウルスの仲間の化石の研究に、私も携わっています。研究に支障のない範囲で紹介すると、ティラノサウルスの仲間たちは、トリケラトプスやエドモントサウルス、サウロロフスやデイノケイルスといった大型の植物食恐竜だけでなく、もっと小型で俊敏な恐竜も食べていたということです。この件に関しては、論文が発表されたら、あらためて紹介したいと思います。

さて、胃の内容物について、今みなさんに紹介できる論文が一つあります。それは、2001年にモンタナ州立大学のデイヴィッド・ヴァリキオが発表したものです。ティラノサウルスではないのですが、その仲間のダスプレトサウルスのお腹の部分に、恐竜の骨が見つかったという報告です。

ダスプレトサウルスの骨は、頭の一部と脊椎が30個、そして腰の部分でした。この化石と一緒に、ハドロサウルス科の化石が見つかりました。下顎の一部と尻尾の骨が4つです。骨の大きさから、全長3メートルにも満たないハドロサウルス科の亜成体でした。しかもこれらハドロサウルス科の骨は、ダスプレトサウルスのお腹あたりから集中して見つかったのです。これらの骨が土砂で埋もれるとき、水の流れはほとんどなかったという状況や、骨の表面が胃酸で溶かされた痕跡があることからも、このハドロサウルス科の亜成体は、ダスプレトサウルスの胃の内容物だと判断されました。このことから、ダスプレトサウルスは、大きくなった成体のハドロサウルス科ではなく、まだ成長しきっていない亜成体を食べていたということが考えられます。ティラノサウルスやタルボサウルスの例から考えても、腑に落ちる研究結果だと思います。

格闘恐竜と決闘恐竜

最後に、冒頭で「現行犯的な証拠による証明は不可能」と述べました。しかしながら、タイムマシーンがなくても、DNAで恐竜を復活させなくても、非常にごく稀ではありますが、現行犯的な証拠が見つかることがあります。それは、肉食恐竜が獲物を襲っている瞬間に、両者が化石になることです。そういった化石で最も有名なものが「格闘恐竜」といわれる化石です。

「格闘恐竜」とは、その名の通り、格闘していた恐竜の化石。しかも格闘した状態で発見された化石です。1971年に、ポーランドとモンゴルの共同発掘隊が、地表にあらわれているプロトケラト

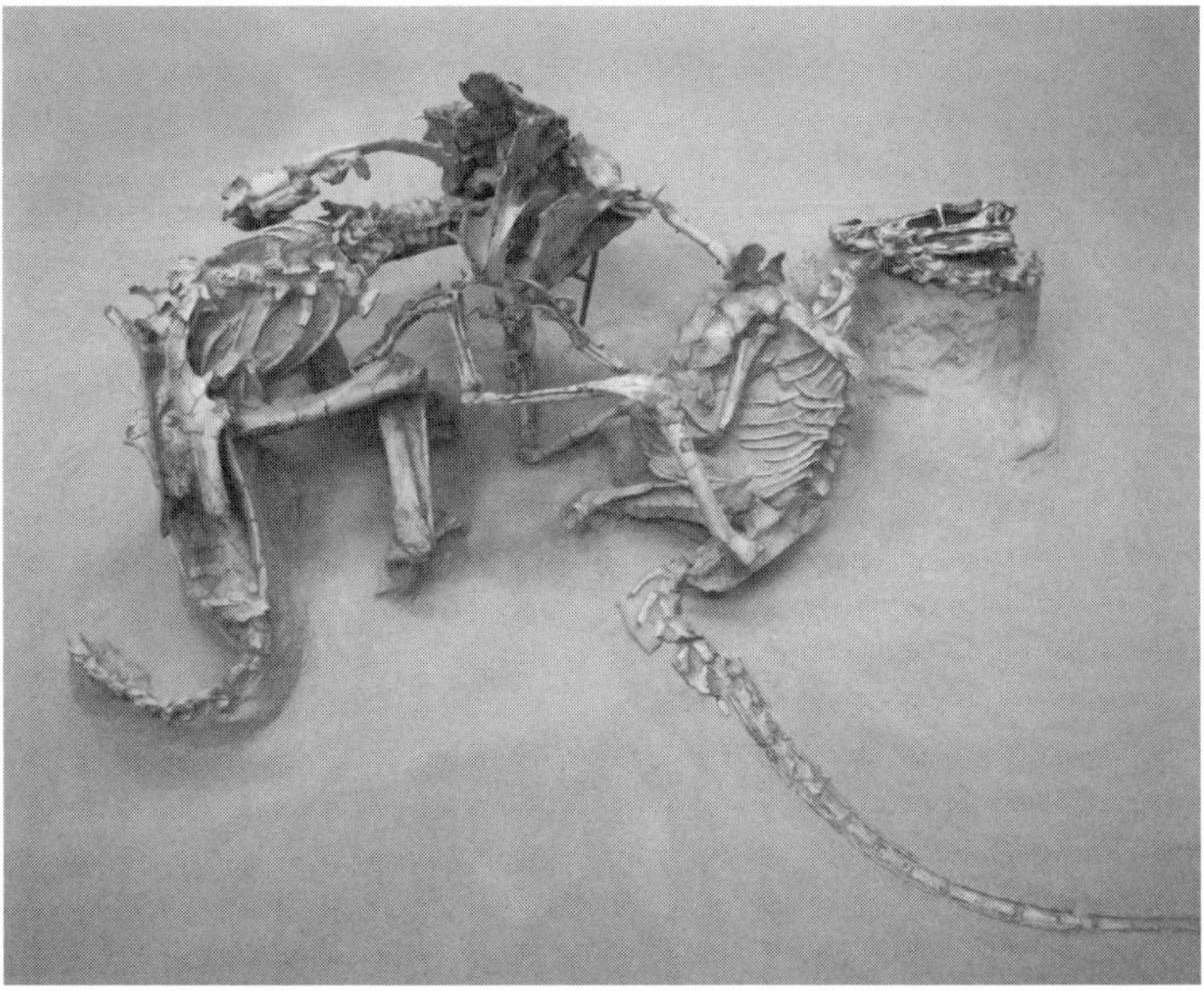

図43　格闘恐竜　Photo：神流町恐竜センター提供

プス(トリケラトプスなど角竜の祖先形)という植物食恐竜の頭の一部を発見しました。発見された場所は、モンゴルのツグリキンシレと呼ばれる産地で、たくさんのプロトケラトプスが化石となって残っており、恐竜の発掘をしたい人たちにとっては「楽園」といっていい場所です。

このプロトケラトプスのまわりを掘っていくと、プロトケラトプスの頭に前あしをかけた状態で横たわっている肉食恐竜が一緒に見つかりました。ヴェロキラプトルと呼ばれる、2メートルほどの肉食恐竜です。

そもそも植物食恐竜と肉食恐竜の全身骨格が一緒に見つかることは世界的に見ても極めて稀で、しかも格闘中にそのまま化石になるのは、天文学的に確率が低いこととといえるでしょう。たとえてみれば、ライオンがシマウマを襲っている瞬間がそのまま化石になるということですので、どれだけ確率が低いことかわかると思います。

イギリスの研究者たちは、両恐竜の姿勢に注目しました。プロトケラトプスが死んでいれば横たわっているはずですが、立った状態で化石になっていました。さらに、ヴェロキラプトルの右前あしは、プロトケラトプスの口に噛まれた状態で、左前あしはプロトケラトプスの頭に爪を引っかけていました。さらに、ヴェロキラプトルの後ろあしは、プロトケラトプスの喉とお腹を狙っているような姿勢になっていました。この2頭の化石を覆う堆積物を見ると、砂嵐の痕跡があり、「この2頭は、格闘の最中に砂嵐に襲われ生き埋めになった」ということがわかりました。

このような奇跡がティラノサウルスにも起こったことはあるのでしょうか？　それが、あるんです。「Dueling Dinosaurs（決闘恐竜）」と呼ばれるもので、アマチュアの発掘者によって、ヘルクリーク層から2006年に発見されました。このときは、ティラノサウルスとトリケラトプスの全身の化石がお互いに絡み合って一緒に発見されました。発見者は、博物館にこの化石を購入してもらおうと交渉しましたが、なかなかうまくいかず話題になりました。現在、その問題は解消され、決闘恐竜の化石は、ノースカロライナ州の博物館に収蔵されています。

決闘恐竜の化石は、現在研究中であり、その成果が待たれます。プロトケラトプスとヴェロキラプト

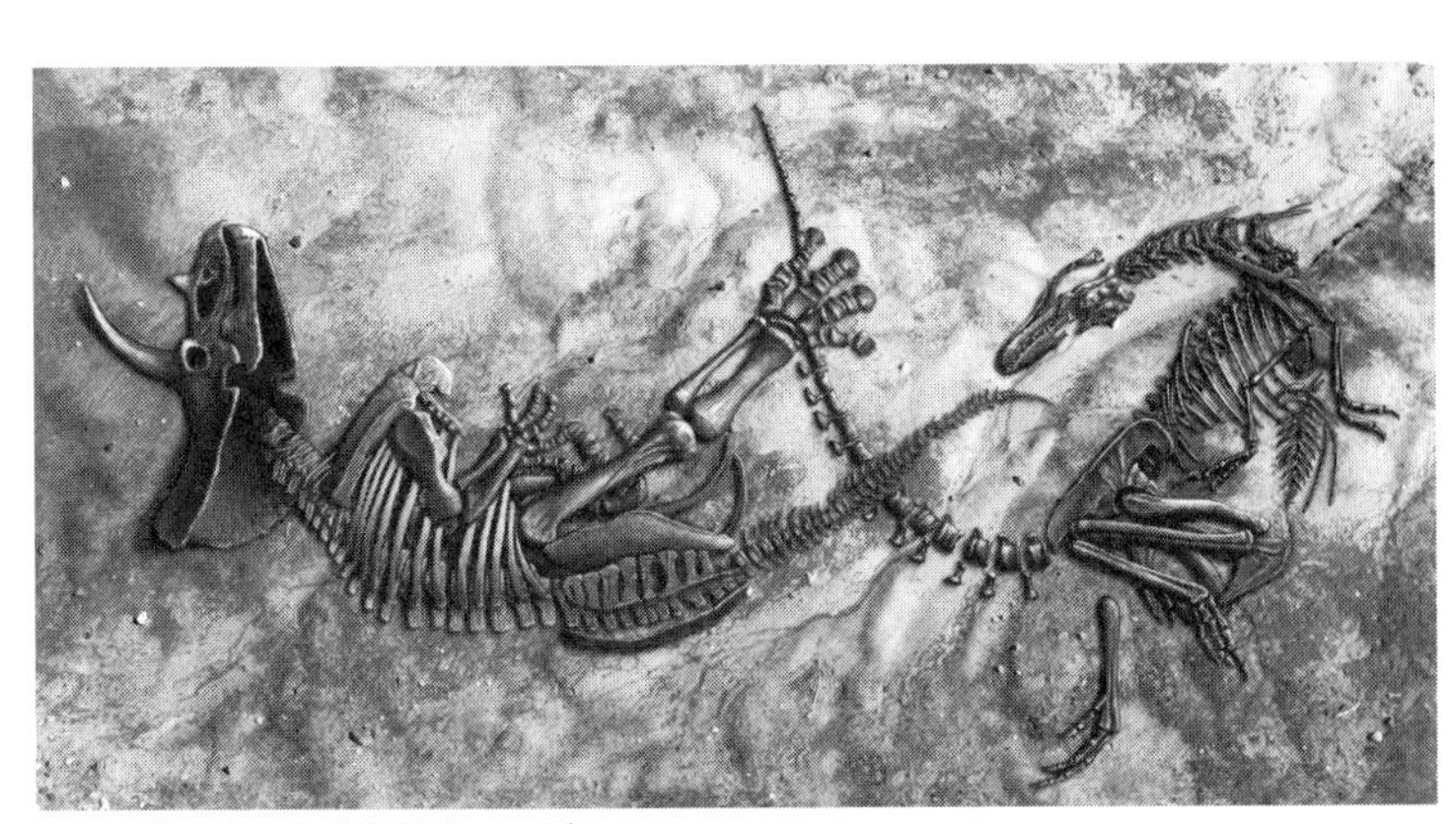

図44　復元された決闘恐竜のモデル
Photo：Julius Csotonyi

ルの格闘恐竜のように、ティラノサウルスとトリケラトプスの格闘の瞬間が化石になったものかはわかりませんが、非常に興味深い化石です。

第4章
ティラノサウルスの成長と老い

ティラノサウルスの卵

ティラノサウルスをふくむ恐竜は、すべて卵生です。ティラノサウルスは、卵で生まれ、孵化したあと成長し、成体になり老化し、そして寿命を迎えます。私たち人間は、胎生なので、体内で受精し、受精卵が胎盤で成長し、母から誕生します。その後、成長をして、老化が始まり、寿命を迎えます。卵生であること、それがティラノサウルスをはじめ、恐竜の生命の始まりの特徴であり、私たち人間などの哺乳類と大きく異なるところです。

この章では、産卵、抱卵、成長、老化、寿命というキーワードで、ティラノサウルスの「一生」について考えていきたいと思います。

まず、産卵についてです。恐竜の卵化石は数多く見つかっていますし、さまざまな種類の恐竜のものが見つかっていますが、今のところティラノサウルスの卵化石は見つかっていません(見つかっているという噂は聞きますが……)。ティラノサウルスだけでなく、ティラノサウルスの仲間の卵化石も見つかっていないのです。

それでもティラノサウルスが、卵を産んでいただろうということは、他の恐竜との系統学的な関係性や骨の内部構造から推測されています。系統学的な関係性というと難しく聞こえますが、簡単にいうと、ティラノサウルス以外の獣脚類については、卵化石や巣の化石が見つかっているので、「ティラノサウルスも卵を産んでいたでしょう?」という考えです。

ティラノサウルスよりも鳥に近い恐竜であるテリジノサウルス類、オヴィラプトロサウルス類、トロオドン類などは、殻の硬い卵を産んでいます。ティラノサウルスよりも原始的なアロサウルス類も硬い殻の卵を産んでいますので、ティラノサウルスも同じように硬い殻の卵を産んでいた可能性は高いでしょう。いっぽうで、恐竜の卵の形や構造は恐竜の種類によって異なっているため、ティラノサウルスがどのような卵を産んでいたかは、簡単には推測できません。たとえば、テリジノサウルス類の卵は球状、オヴィラプトロサウルス類の卵は、コッペパンのような形、トロオドン類の卵は鶏の卵のように、片方は丸いけどもう片方は少し尖っています。アロサウルス類の卵は、球状とコッペパンの中間のような感じです。このように、バリエーションが多すぎて、ティラノサウルス類の卵の形の傾向が読めません。ティラノサウルスの卵の形は、将来発見されるまで未知のままなのです。

骨から雌雄がわかる?

卵は見つかっていなくても、骨の内部構造からティラノサウルスは卵を産んでいたのではないかと考えられています。その理由は、骨の中にふくまれる骨髄骨(medullary bone)の存在です。現在生きている鳥類の研究から、骨髄骨は、繁殖期にあるメス鳥の骨の空間(骨髄腔)に形成され、卵のカルシウム源になるもので、一部を除いてすべての鳥に見られます。この骨髄骨が、アメリカのモンタナ州から発見されたティラノサウルスにも見つかったのです。メアリ・シュヴァイツァーらによって、2005年に発表され、その後ティラノサウルスだけでなく、アロサウルスや鳥脚類にもその存在が発表されています。骨髄骨の存在は、その恐竜が卵を産むというだけでなく、その個体が卵を産む「メス」であるということでもあり、雌雄の区別がつけられる画期的な発見でした。

ちなみに、1990年代に、ティラノサウルスのオスとメスの判断について挑戦した研究がありました。ティラノサウルスの標本の数が増えるにしたがい、がっしりしたタイプとほっそりしたタイプの2つに分けることができるのではないかと考えたのです。恐竜の尻尾には、血道弓(けつどうきゅう)と呼ばれる骨が、尻尾の根元から先にわたって尾椎骨の下にぶら下がっています。すらっとしたタイプには、尻尾の根元から血道弓が並んでいるのですが、がっしりタイプの尻尾は、いちばん尻尾の根元に近い血道弓がないことに気づきました。この骨が1本ない特徴がメスワニにも見られ、卵の通り道になっていたからだと解釈し、この個体はメスだと考えました。ただ、その後の研究で、メスワニに1本血道弓がないのはまちがいであり、骨格のゴツさによる雌雄差も不明瞭であるということが言われるようになり、この考えは今では判断材料となっていません。

ティラノサウルスは卵を守っていた?

ティラノサウルスは、どのようにして卵を孵(かえ)していたのでしょうか? この問いについては、まだ卵や巣が発見されていないので、わかっていません。今の卵を産む動物を見ると、産卵後の行動は、産みっぱなしと抱卵の大きく2つに分けられます。

海岸で産卵するウミガメの姿をテレビなどで観ることがあると思いますが、ウミガメは、産卵後は産みっぱなしの動物です。砂浜に穴を掘り、その中に卵を産み落としますが、その後は、親ウミガメは海へと帰ってしまいます。無事に孵化した赤ちゃんが海に向かって這い歩いていくと、鳥などに襲われたり、海までたどりついても、魚に食べられたりと、赤ちゃんたちの多くが犠牲になってしまいます。そのなかで生き延びた赤ちゃんだけが、大人になり、成長したら再び産卵のために海岸へもどってきます。

いっぽうで、多くの鳥は、巣を作り、そこに産卵します。親鳥は、巣の上に座り抱卵して、卵を孵します。そして、孵った赤ちゃんを守り育てます。

では、ティラノサウルスは、産みっぱなしか抱卵か、どちらだったのでしょうか？　ティラノサウルスと同じ獣脚類であるテリジノサウルス類の営巣地の研究を、私と筑波大学の田中康平助教らとで２０１９年に発表しています。テリジノサウルス類は浅い穴を掘って産み落とした卵の上を植物で覆っていました。そして、産みっぱなしではなく、巣に敵が近づかないように、赤ちゃんが孵化するまで、巣の近くで守っていた可能性があります。そうすることによって、生存率を上げたのです。

テリジノサウルスの研究結果から、ティラノサウルスについて推測すると、穴を掘って卵を産み落とし、その卵を植物で覆って孵化させていた可能性が考えられます。ウミガメのように完全に産みっぱなしだったのか、テリジノサウルス類のようにティラノサウルスが生存率を上げる戦略を持っていたかはわかりませんが、その体の大きさから言って、鳥類のように抱卵していた可能性は低いと、私は考えています。

アルバートサウルスの成長速度

次に、成長についてはどうでしょうか。ティラノサウルスの生涯を語るうえで、いちばん進んでいるのが成長についての研究です。

初期のティラノサウルス類の成長については、1970年にデール・ラッセルが論文を出しています。ラッセルは、カナダから発見されているティラノサウルス類の化石を研究しました。その研究では、アルバートサウルスが成長するにしたがって、体の各パーツの骨の長さが、大腿骨を基準にしてどのように変わっていくかを調べています。

少しわかりづらいので、補足説明すると、鼻の先から尻尾の先まで全身骨格の骨がすべてそろった化石が見つかることはほぼありません。そのため、私たち恐竜研究者は、大腿骨の大きさを、恐竜の体の大きさの基準として使います。つまり、大腿骨の大きさの変化が、体全体の成長の変化を表していると考えるのです。

ただ面白いのは、恐竜の体全体を見たときに、頭や前あし、後ろあしなど、各パーツが同じ速度で大きくなるわけではありません。ある場所は相対的に速く、ある場所は相対的に遅く成長します。それは、人間も同じです。人間の頭の成長速度は、体よりも遅いことが知られています。そのため、赤ちゃんは体に対して頭の大きさの比率が高く「可愛い」容姿になっており、成長すると体の大きさに対して頭が小さくなり「大人びた」容姿になります。恐竜の場合も、体のパーツによって、成長速度が異なるのです。

さて、話を恐竜に戻します。ラッセルは、アルバートサウルスの亜成体から成体への体の変化を分析しました。すると、大腿骨の成長よりも、首と胴を合わせた椎体の長さが速く大きくなっていることがわかったのです。それだけでなく、肋骨、肩の骨(肩甲骨と烏口骨)、腰の一部(恥骨と坐骨)も同様に、大腿骨の成長よりも速く大きくなっていることがわかりました。いっぽうで、頭や前あしといったその他のパーツは、大腿骨の成長とともに同じくらいの速度で大きくなっていき、脛の骨は、成長が遅いということがわかったのです。

つまり、アルバートサウルスは、成長すると相対的に首や肩、腰が大きくなっていき、脛が短くなっていったのです。そのわりに成長しても大腿骨に対する頭や、前あしの比率はあまり変わりませんでした。

さらにラッセルは、「亜成体から成体への骨の変化がわかれば、逆算すればもっと小さな子供も計算できる」ということで、卵から孵ったばかりのアルバートサウルスの赤ちゃんの大きさを推定しています。仮に、赤ちゃんの大腿骨の大きさが10センチくらいとすると、頭の大きさは88ミリほど、首と胴を合わせた長さが21センチほど、腰が7センチほど、尻尾が39センチほどと推測しました。さらに、脛の骨が14センチ、足の甲(中足骨)が9センチ、指の骨が6センチほどと数字を弾き出しました。これらから、赤ちゃんのアルバートサウルスの鼻先から尻尾の先までの全長が76センチ程度、腰の高さが、40センチ強だということを推測したのです。

可愛くなかった？　ティラノサウルスの赤ちゃん

その33年後の2003年、アルバータ大学のフィリップ・カリーは、アルバートサウルスだけでなく、ティラノサウルス科全般の成長による骨の変化を研究しました。成長による頭の変化を見ると、頭の長さや吻部は体の成長と同じくらいの速度で大きくなることが明らかになりました。相対的な頭の長さが変わらないのは、ラッセルと同じ結果でしたが、吻部も変わらないという結果は、少し意外なものでした。人間をふくむ多くの動物は、小さいときには、体に対して頭が大きく吻部が短いため赤ちゃんらしい可愛さがあるのですが、ティラノサウルスの仲間たちはちがったのです。ティラノサウルスの子供の頭は、大人と同じような比率だったということで、可愛らしさはあまりなかったようです。それどころか、ティラノサウルスの仲間たちは、成長するにしたがい、頭の高さが相対的に高くなっていき、より可愛さを失っていきました。つまり、赤ちゃんのほうが、スッとした顔立ちをしていて、成長するとずんぐりしたような顔になっていくことがわかりました。どうやら、可愛くない容姿から、キモ可愛い(?)ほうへと容姿が変化していったようです。

ただし、目の大きさの比率は、赤ちゃんのほうが大きかったようで、幼体の可愛さは目で表現されていたようです。さらに、頭の後ろにあるボール上の突起で首の骨につながる部分(後頭顆occipital condyle)は、成長によって比率が大きくなる傾向にあったようです。これは、大きくなっていく頭を支えるために必要だったのでしょう。

小さな前あし

成長による体の変化はどうだったのでしょうか？ まず前あしを見ると、カリーの結果は、ラッセルとは異なったものでした。ラッセルは、成長しても前あしの比率は変わらないと言っていましたが、カリーの研究では、体の成長の速度よりも前あしの成長速度が遅いことがわかりました。つまり、子供のほうが、体の大きさに対して前あしが大きく見え、成長とともに小さく見えるようになっていくというのです。そのような成長速度の違いがあると、変化は微々たるものですが、成長するにしたがって「小さな前あしを持つティラノサウルス類」へと変わっていったと考えられます。短い前あしは、ティラノサウルスの象徴的な特徴ですが、これも成長することで最終的に短くなっていったようなのです。

後ろあしの変化を見ると、大腿骨は、成長とともに長さに対してさらに太くなっていき、脛の骨は大腿骨に対して短くなっていきます。成長すると、短足で太いあしに変化していったということになります。この変化は、成長とともに巨大化・重量化するその大きな体を支えるために役立ったのでしょう。しかし、その代償として、走るのも遅くなっていったようです。このように、カリーの研究は、ティラノサウルスの仲間たちが、成長によって、その生活の変化とともに、体の構造を変えていったことを明らかにしました。

カリーもラッセルと同じように、ティラノサウルスの赤ちゃんの大きさを推定しようと試みました。赤ちゃんの体全体の長さを導くことはできなかったのですが、たとえば頭は9・5センチと、よく似た値を提案しています。いっぽうで、腰の高さは、65センチ強と、ラッセルが推測した40センチ強よりも少し高いと考えました。どちらにしても、ティラノサウルスの仲間の赤ちゃんは、頭が手のひらよりも少し小さく、体の高さは、中型犬程度と考えていいかもしれません。

ラッセルとカリーの研究によって、孵化したばかりのティラノサウルス類の大きさが推定されましたが、孵化直後の化石は、近年まで発見されませんでした。その流れを変えたのが、2020年に発表されたグレゴリー・ファンストンらの論文です。

彼らは、カナダのアルバータ州やアメリカのモンタナ州とサウスダコタ州から発見された、小さな下顎や足の指、そして歯の化石を研究しました。アルバートサウルスとダスプレトサウルスの赤ちゃんと思われる化石です。下顎の大きさは3センチほど、指の骨は1センチほど、歯は小さいものでは1ミリもない、極小の化石です。この下顎は、一部が欠けていたのですが、この骨をもとに、頭の大きさは9センチ程度と推定しました。さらに、全長は71センチから110センチと推定し、いずれもラッセルやカリーの推定とほぼ一致したのです。私たちが軽く両手を広げたくらいが、ティラノサウルスの赤ちゃんだと想像してもらえればいいと思います。

ティラノサウルスの成長

さて、ここからティラノサウルスの大人への成長過程について考えてみましょう。みなさんが「成長」と聞くと、どのような連想をするでしょうか？　ひさしぶりに会った知り合いの子供を見たときに、「成長したなぁ」と感じるのはどのようなときでしょうか？　身長や体重など体の大きさを感じたとき、年齢を聞いたとき、大人っぽい風貌を感じたとき、腕相撲をして負けたとき、などいろいろなシチュエーションがあると思います。

恐竜研究も同じように、さまざまな視点から研究がされています。「体の大きさを感じたとき」にあたる、体重の変化。「年齢を聞いたとき」にあたる骨組織学という骨を透けるように薄く切って顕微鏡で微細構造を観察する研究。「大人っぽい風貌」にあたる、成長による骨の形の変化。「腕相撲をして負けたとき」にあたる、動体能力の変化。という具合です。

500倍もの体重の変化

まずは、「体の大きさを感じたとき」にあたる、体重の変化を見てみましょう。推定されているティラノサウルスの体重は次の通りです。ちなみに体重は、大腿骨の大きさ(長さや周囲長)をもとに推測されています。まるで暗号のような英文字の羅列は、それぞれの標本を所有する機関を表しています。たとえば、TMPは、カナダのロイヤルティィレル古生物学博物館で、MORは、モンタナ州立大学附属ロッキー博物館を表しています。この英文字の後に番号が続き、これら一連がそれぞれのティラノサウルスの標本に付けられている標本番号というものです。また、標本番号の後の括弧書きの中にカタカナで書かれているものがありますが、それらは標本に付けられたニックネームです。

ちなみに、個体によって複数の数字が書かれていますが、それは複数の研究者が異なった推定値を提唱しているからです。たとえば、標本番号LACM 28471は、29・9キロと一つしか数字がないのは、この標本の体重を推定したのは一つの研究のみで、標本番号MOR 555(ワンケル・レックス)は、6071・8キロ、6216キロ、6264キロ、8272キロと4つの体重が推定されています。これらは、解析方法が異なることから出てくるちがいで、どれが正しいかは研究者の意見によって異なります。この本では、ウィスコンシン州カーセージ大学のトーマス・カーが2020年にまとめた論文から引用しています。

100キロ以下クラス

・LACM28471：29・9キロ

1トン以下クラス

・BMRP2002・4・1（ジェーン）：660・2キロと954キロ

1トンから5トン程度

・LACM23845：1807キロ

・TMP1981・006・0001（ブラックビューティ）：3230キロと4469キロ

・TMP1981・012・0001：5040キロ

・MOR980（ペックス・レックス）：5112キロ

6トン以上

・MOR1125（ビー・レックス）：6100キロ

・AMNH FARB5027：6986・6キロ

・MOR555（ワンケル・レックス）：6071・8キロと6216キロと6264キロと8272キロ

・CM9380：6740キロと6688キロと9081キロ

・FMNH PR2081（スー）：5654キロと7377キロと8462キロと

9130・9キロと10200キロと13996キロ

・RSM 2523・8(スコッティ):8004キロと8870キロ

これらの推定体重を見てみると、ティラノサウルスの体重変化の幅の広さに驚かされます。赤ちゃんは見つかっていないといいつつも、体重が30キロ程度のものから、最大推定体重が14トンくらいまであります。体重差でいうと、500倍くらい成長するということです。これは、人間でいうと3キロで生まれた赤ちゃんが1500キロに成長したということになるので、最大のティラノサウルスは、まさに横綱級ということになります。ただ、注意しなければいけないのは、30キロのティラノサウルスも、孵化直後のものではないので、孵化直後からの成長具合でいうと、500倍以上になります。

ティラノサウルス以外の獣脚類でも、全長10メートル以上へと巨大化したものがいます。代表的なものに、ギガノトサウルスが知られています。同じ計算方法で算出した推定体重では、ティラノサウルス(スー)が9トン、ギガノトサウルスが6・9トンと、1・3倍の差があります。計算方法は異なるものの、その他の巨大獣脚類であるスピノサウルスやデイノケイルスは6・4トンと、全長が同じくらいあるいは、それ以上大きくても、体重はティラノサウルスよりもずっと軽いのです。

成長停止線

次の成長に関する研究の視点である「年齢を聞いたとき」にあたるのは、骨組織学の研究です。骨を透けるように薄く切って顕微鏡で微細構造を観察することで、ティラノサウルスの年齢を推定することができます。

恐竜の骨は、化石となりますが、ただの石とはちがい、構造が失われるわけではありません。化石には、本来持っている骨の構造が残っており、観察することが可能です。「石と骨とどのように見分けるのですか？」という質問を受けることがありますが、私たち恐竜研究者は、ルーペで表面に骨の構造があるかどうかを観察し、骨であると判断したら、薄くスライスし、それを顕微鏡で観察すると、骨細胞の構造がわかるのです。

年齢を知るためには、「成長停止線」という年輪のような構造を探します。木の年輪のようにきれいに線が見えることもあれば、顕微鏡で細かく観察して細胞の構造から停止線の存在を確認することもあります。これは、理屈としては、木の年輪と同じで、成長の遅い季節(冬)に成長が減速することで、成長停止線といわれる構造ができます。この成長停止線を分析することによって、恐竜の年齢を推定することができるのです。

ティラノサウルスの成長曲線

ティラノサウルスの成長の研究といえば、フロリダ大学のグレゴリー・エリクソン博士らの研究が有名です。彼らは、7つの標本のティラノサウルスの大腿骨、肋骨や脛の骨(脛骨)などに残された成長停止線を使って、年齢と体重の変化を推測しました。エリクソン博士が分析した最小のティラノサウルスである標本番号LACM 28471が2歳、いちばん大きなティラノサウルスが標本番号FMNH PR2081(スー)で28歳と結論づけられました。それまでは、ティラノサウルスの年齢については推測のみで、最長で100歳という研究者もいたぐらいでした。彼の研究によって、より正確な年齢がわかったというのが画期的なことだったのです。

彼らの研究と他の研究者によって、標本番号BMRP 2002・4・1(ジェーン)が13歳、標本番号MOR 1125と標本番号TMP 1981・006・0001(ブラックビューティ)が18歳、標本番号TMP 1981・012・0001が22歳ということもわかっています。これを先程の、体重と掛け合わせると、年齢と体重の関係性がある程度わかってきます。つまり、ティラノサウルスが2歳の時は小学4年生くらい(30キロ程度)、13歳の時にキリンくらい(1トン弱)、18歳の時にシロサイくらい(3〜4トン程度)、22歳でゾウくらいの体重(5トン程度)、そして28歳で大きめのクジラくらい(6トンから14トンの間)ということになります。かならずしも、この年齢だとこの体重と断言できるわけではありませんが、感覚的にティラノサウルスの成長具合がイメージできると思います。動物園に行って、キリンを見たら「ティラノサウルスでいうと13歳くらい」と思ってもらえるとよいかもしれません。

また、エリクソンらの研究で興味深いのは、ティラノサウルスの成長のようすが初めて提案されたということです。大きなティラノサウルスは、6トン以上の体です。私たち人間には第一次成長期と第二次成長期がありますが、ティラノサウルスはどのように成長したのでしょうか？ 彼の研究によると、卵から孵化後14歳くらいまでゆっくりと成長し、そこから18歳まで急

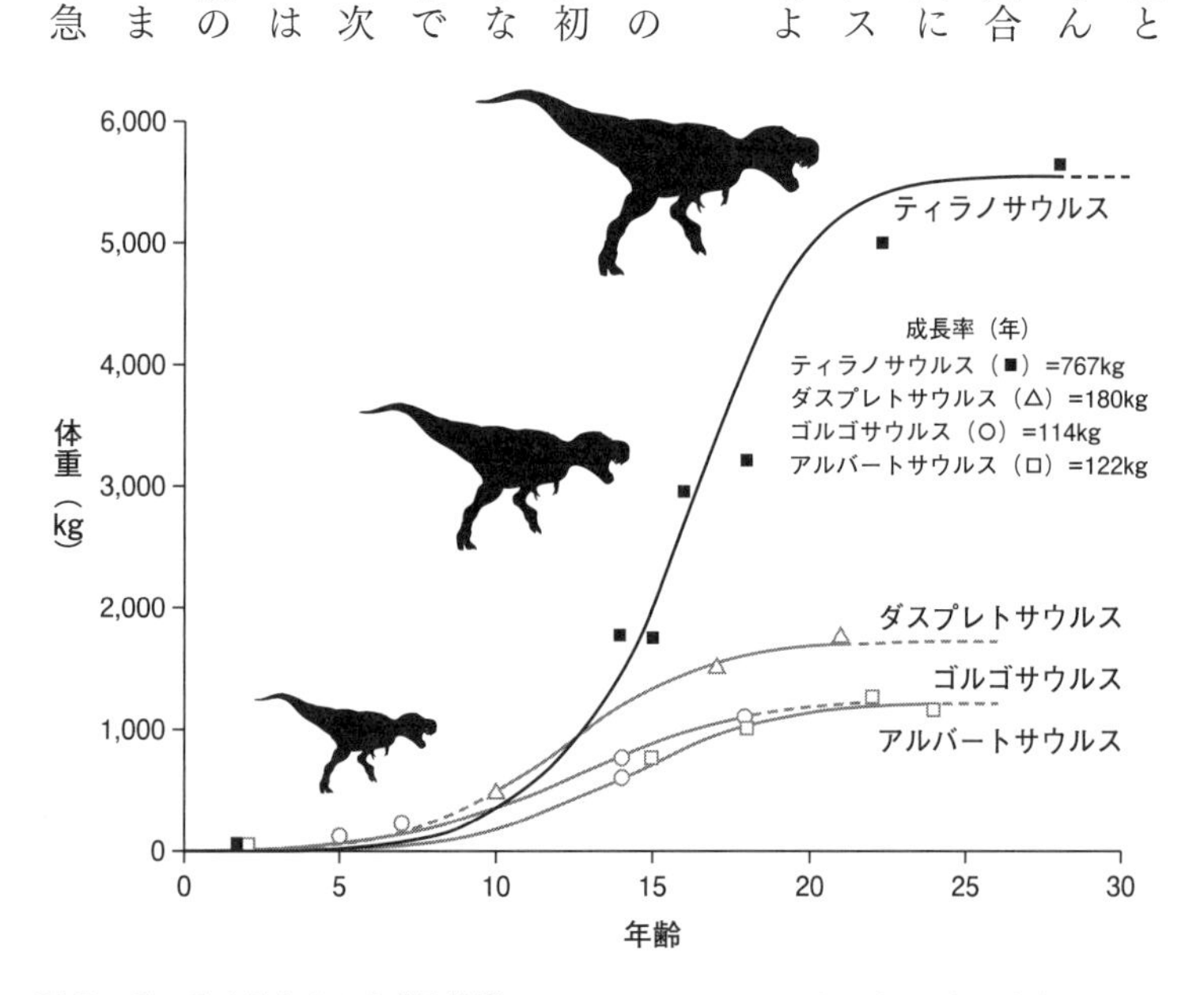

図45 ティラノサウルスの成長曲線 Gregory M. Erickson et al. (2004) より引用、改変

成長をしたと考えました。そして、急成長時の成長速度を1日あたり2・1キロの体重増加の換算とエリクソンは計算しました。ティラノサウルスの仲間、アルバートサウルスやダスプレトサウルス、そしてゴルゴサウルスの成長も一緒に推測されました。これらは同じ一軍ですが、ティラノサウルスに比べて体が小さいティラノサウルス類で、いちばん速い成長速度でも、1日300グラムから500グラム程度だったようです。この成長速度の差が、ティラノサウルスが他のティラノサウルスの仲間を圧倒した巨大化に成功した理由だったのです。

顔つきの成長

続いて成長に関する「大人っぽい風貌」にあたる、成長による骨の形の変化については、ウィスコンシン州カーセージ大学のトーマス・カーの研究が有名です。先のティラノサウルスの体重のリストでも引用しましたが、カーは、「体重」と「年齢」もふくめ、2020年に論文をまとめています。

成長段階、年齢、骨組織学、成長の変化、成長率、大きさ、体重といったものを加味して、ティラノサウルスの成長カテゴリーを分けたところ、「若年期」「亜成体」「若成体」「成体」「老成体」の5つに分けられると、カーは考えました。

まず第1の若年期は、頭の前後の長さが80センチ以下で、頭の長さと上下の高さの割合が3・0以上で、年齢は生まれてから13歳までとされています。このカテゴリーのティラノサウルスは、鼻先が比較的長かったようです。体重でいうと、1300キロ以下くらいとされています。このカテゴリーでは、主だった成長の変化があるようで、トーマス・カーはこのカテゴリーをさらに「小若年期」と「大若年期」の2つに分けています。小若年期では、頭骨の上の部分(頭頂部)と下顎の骨に形の変化が起こっています。大若年期では頭全体の骨に変化が起きており、性成熟の始まりがあるとされています。さらに、嚙む力の増加がこの時期に起きています。上顎骨の歯の数も16本に、下顎の歯も17本に増えます。大若年期では、赤ちゃん的な食べ物から、大人の食べ物に近づいていたようです。さらに性成熟も起こっていたとしたら、一人前のティラノサウルスになっていたともいえるでしょう。先程の体重別のティラノサウルスでは、標本番号LACM 28471(29・9キロ)と標本番号BMRP 2002・4・1(ジェーン):(660・2キロと954キロ)がこのカテゴリーに入るようです。さらに、標本番号BMRP 2002・4・1(ジェーン)の足の骨には骨髄骨があることから性成熟が始まっていた可能性があります。

第2の亜成体は、頭の前後の長さが0・8～1・1メートルで、頭の長さと上下の高さの割合が3・0以下で、前後に長い頭から、ずんぐりむっくりした上下に高い頭に変化しました。年齢は15歳から17歳までとされています。若年期が13歳までとなっているので、14歳がどこに入るのかはわかりません。ただ、若年期の13年間に比べ、このカテゴリーは2～3年間と非常に短く、急成長の始まりだったとされています。このカテゴリーでは、頭の形は前後に長いものから、上下に高い頭に変化します。このときに、成長の過程でもっとも数多くの変化がありました。頭だけではなく、体の動きに関わる肩や腰、前あしと後ろあしにも大きな変化がありました。若年期には、噛む力の増加など、食に関わる体の成長があったことに対し、このカテゴリーでは、肩やあしの指など移動に関する変化がありました。亜成体の推定体重は、1300キロから1810キロほどでした。前にあげた化石のなかでは、標本番号LACM 23845(1807キロ)が、このカテゴリーに入ります。頭骨の上下が高くなったことは、噛む力がさらに強くなったことを示します。このような変化は、同じティラノサウルスでも、大人と子供(若年期と亜成体の初期)の中で食べ物の棲み分けをしていたという証拠なのかもしれません。

第3の若成体は、頭の前後の長さが1・16～1・4メートルで、頭の長さと上下の高さの割合が2・3から2・6で、亜成体の時よりも、さらに頭がずんぐりします。年齢は18歳から22歳までとされていて、急成長期が終わったあとだということになります。このカテゴリーでも頭骨の変化は起きますが、体の変化は後ろあしに限られています。このカテゴリーにふくまれるティラノサウルスの個体の体重は、3トンから6トンにもなり、体重の増加が著しく、若成体期の4年間で体重が倍になります。

第4の成体は、頭の前後の長さが1・3~1・4メートルで、頭の長さと上下の高さの割合が2・3から2・6で、年齢は22歳から28歳までとされています。このカテゴリーになると、成長が止まり始めます。体重の推定は、研究によってばらつきがありますが、見積もりが少ないものでも4・5トンはあったとされています。

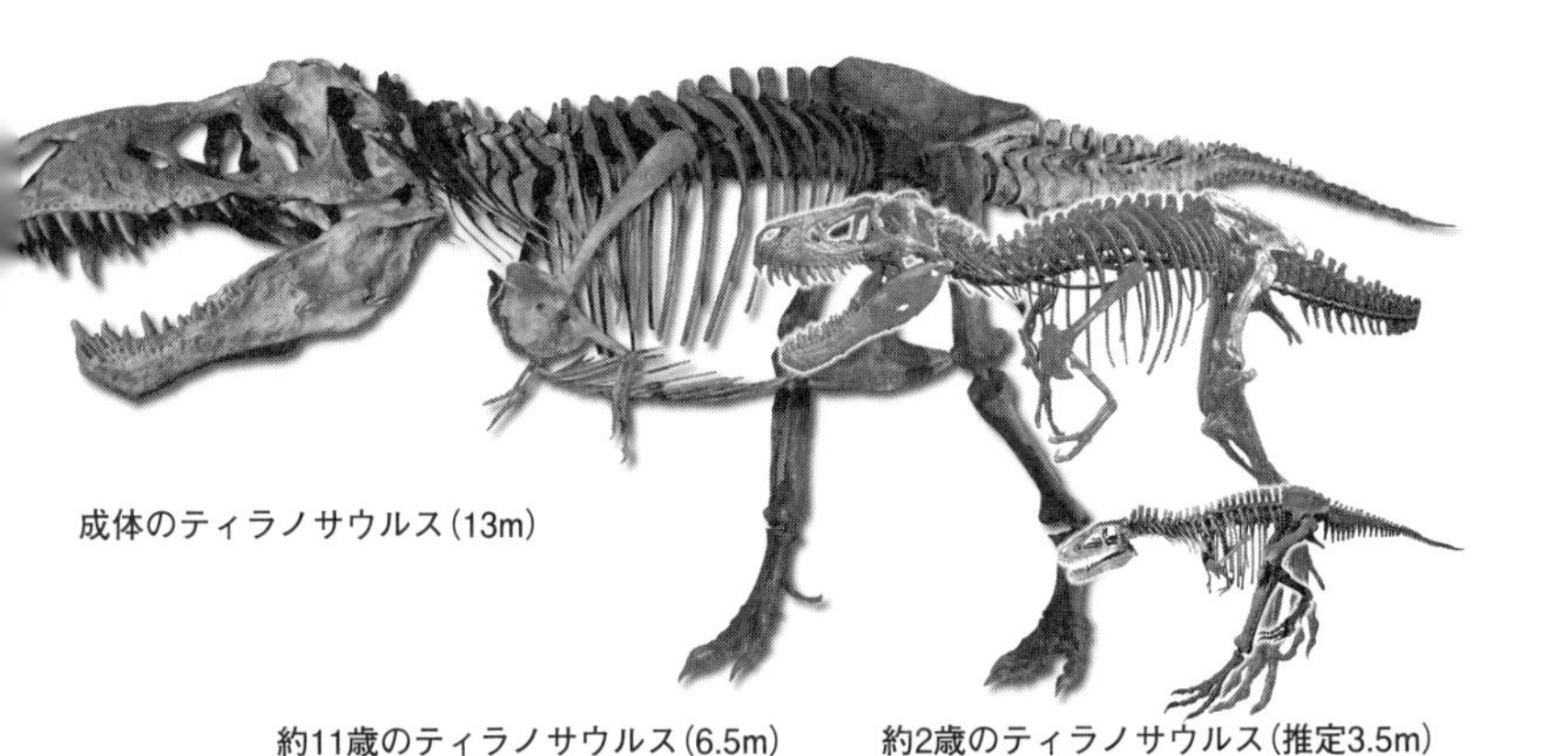

図46　ティラノサウルスの骨格の比較
Photo：(左)The Royal Saskatchewan Museum, (中央、右)パレオサイエンス　撮影：加藤太一

最後の第5の老成体になると頭の前後の長さが1・4メートル以上、年齢は28歳以上とされています。体重のほうも第4のステージである成体よりも重かったと考えられています。この時期になると、後述する「寿命」に近づいていたようです。

動体能力の変化

最後の成長に関する研究の視点である「腕相撲をして負けたとき」にあたる、動体能力の変化についてですが、年齢によって体の動きも変化していきます。

たとえば、噛む力です。体重や年齢がわかっているもので比較すると以下のようになります。

・BMRP 2002・4・1(ジェーン):体重660・2キロと954キロ:年齢13歳:噛む力2400-3850ニュートン
・TMP 1981・006・0001(ブラックビューティ):体重3230キロと4469キロ:年齢18歳:噛む力12197-21799ニュートン
・FMNH PR2081(スー):体重5654キロから13996キロ:年齢28歳:噛む力17769-34522ニュートン

これらの数値から、ティラノサウルスは、年齢を追うごとに噛む力が強くなっている傾向にあるということができます。このことは、歯の形の変化にも現れており、歯の断面を見ると、成長するにつれて、楕円(幅と奥行きの比率が54%)から円(同比率が98%)に近い形に変化していきます。薄いナイフ状の歯から、削岩機のような太い歯に変化していることから、噛む力が強くなっていったことがわかります。腕相撲とは少しちがいますが、噛む力が強くなることは成長を示し、それは食べ物のちがいなど、生活の変化を表しているのかもしれません。

ティラノサウルスの老化と寿命

ティラノサウルスの成長について見てきましたが、老化と寿命についてはどうでしょうか。私たち人間にとって、老化は注目されているトピックです。10代の時は、一日でも早く大人になりたいと願ったものですが、年齢を重ねると成長ではなく体の老化を感じはじめます。生まれた瞬間は成長のために細胞は活動しますが、ある時点から老化という現象が体の変化を起こしていきます。成長速度があるように、老化速度もありますが、化石でそれを測るのは非常に困難です。

老化速度に関係していると思われるのは、数値化するのは難しいですが、死亡率の増加です。体が衰えれば、厳しい自然の中で生き延びることが困難になっていきます。衰えは、事故や病気を引き起こし、ひいては「死・寿命」につながります。

ティラノサウルスの成長について画期的な論文を発表したフロリダ大学のグレゴリー・エリクソンが率いる研究チームは、ティラノサウルスの集団生物学的知見からティラノサウルスの生存率の変化を調べ、２００６年と２０１０年に論文を発表しました。まず、エリクソンは、ティラノサウルス類でもたくさんの骨格が１ヵ所から発見されているアルバートサウルスに目をつけて、年齢とともに生存率・死亡率がどのように変化するかを分析しました。

その結果、面白いことがわかってきました。2歳から13歳までは死亡率が２・０２％から５・５６％程度（平均３・４７％）と低い死亡率が維持されていましたが、14歳から23歳までで、死亡率は11・１４％から33・６２％（平均19・５％）へと急激に増加していったのです。

おそらく2歳までは、体も小さく、敵が多かったため死亡率は高かったのですが、2歳を過ぎると全長は2メートルを超え、襲われることも少なくなり、死亡率が下がったと考えられました。13歳では全長6メートルと、大人の6割ほどの大きさまで成長し、より敵に襲われる可能性は低くなったでしょう。ワニ類などの他の爬虫類の場合、若い段階では共食いが横行し、高い死亡率が維持されますが、アルバートサウルスの場合は、死亡率が下がったことから、ワニ類ほどの共食いはなかったと考えられます。この比較的早い年齢での高い生存率の獲得は、むしろ大型の鳥類や哺乳類に似ていることがわかりました。２歳まで生き延びたアルバートサウルスの７割は13歳まで生き延びた計算になり、非常に高い生存率であることがわかります。

その後、アルバートサウルスは加齢とともに、生存率が低くなるわけですが、その理由に性成熟に関係があるとエリクソンらは考えました。彼らはアルバートサウルスが14歳で性成熟を迎えると考えており、この時期は、産卵による体力の消耗や、交配相手をめぐる争いによるストレスや怪我が増えます。これらによって死亡率が上がり、生存率が下がるのではないかと考えられました。せっかく性成熟を迎えて、卵を産めるようになっても、最終的に年33％に

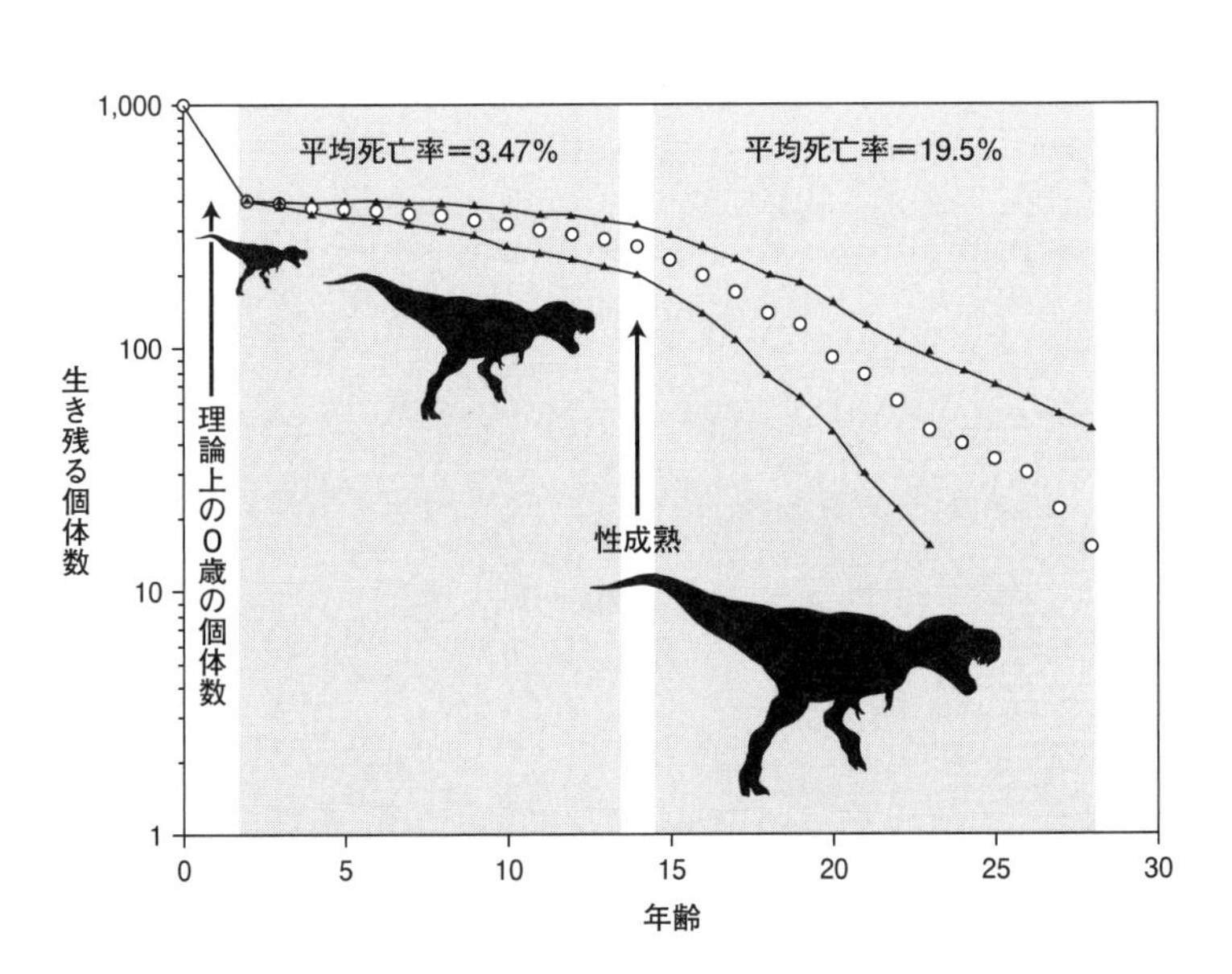

図47　ティラノサウルスの死亡率グラフ　Gregory M. Erickson et al.（2006）を引用、改変

上る加速する死亡率に対面することとなり、思ったより短い期間しか平穏に過ごすことができなかったようです。

ティラノサウルスの最期

このように、ティラノサウルスだけではなく、動物の最期は、高い死亡率に見舞われます。それは、生理的な老化による、衰えや病気、あるいは他の生物によって襲われることによる怪我や死は避けることができないからです。化石の数が少ないティラノサウルス類の絶対的な寿命を推測することは困難です。ただ、最大級であり最高齢級である標本番号FMNH PR2081(スー)は、28歳。スーには、全身にわたって老化による病気が数多く見られます。たとえば、上顎の後ろの歯、頬の骨(頬骨)に変な窪みがあり、両方の下顎には外傷が治癒した痕が残っています。体には、肋骨、尾椎、肩、前あしの上腕骨、後ろあしの腓骨(ひこつ)、中足骨などに、感染の痕による穴の形成、関節炎による骨の癒合、骨折による異常な骨の形の形成といった証拠が残っているのです。特に、右肩付近の骨折の治癒の痕は他の恐竜との争いを想像させます。また、下顎に開いた大きな穴は、トリコモナスという寄生虫の感染によるものだと考えられています。トリコモナスの感染は、ティラノサウルスだけでなく、アルバートサウルスやダスプレトサウルスにも確認されています。また、前あしの指の骨には多くの窪みがあり、これは痛風の痕だったようです。それを考えると、ティラノサウルスは、28歳にもなると、多くの病気や怪我を抱え、寿命を迎えたと考えるのが妥当なようです。

30歳前後といえば、人間でいうと「これからが勝負！」という年代です。ティラノサウルス、そしてその仲間たちは、王者と呼ばれていますが、その椅子に座っていられた年月は、思ったより短かったようです。

第5章　ティラノサウルスの身体測定「武器」

超肉食恐竜

恐竜は、約2億3000万年前に地上に誕生し、隕石が衝突する6600万年前までの約1億7000万年間、地球上を支配した動物です。そのなかで「最強」の恐竜は、ティラノサウルスといわれています。この章では、その最強たるゆえんはどこにあるのかを探っていきたいと思います。

ティラノサウルスを始めとしたティラノサウルス類は、これまで知られる限りでは肉食の恐竜です。セレーション(鋸歯)のある歯、鋭い爪、お腹の中に残っていた未消化の骨や獲物にしていた恐竜の骨についた噛み跡などから、肉食性だったことがわかっています。腐食性だったのか捕食性だったのかという議論はあるのですが、少なくとも一部の証拠からは、生きている恐竜を襲っていたということが確実です。ティラノサウルスは、その肉食恐竜としての卓越した能力から、「超肉食恐竜」といわれています。

原始的なティラノサウルス類は、体が小さく、前あしや後ろあしも細長くすらりとしていました。そのすらりとした後ろあしで速く走り獲物を追いかけ、長い前あしを使って獲物を食べていたと考えられます。いっぽうで、大型のティラノサウルス類になると、体はずっしりとし、あまり速く走れなかったと考えられています。前あしも極端に短くなり、足の速さや前あしの長さを使った狩りはできませんでした。そのかわりに、非常にがっしりとした頭と強靭な顎、太い歯を使って、獲物を捕まえ、しとめていたと考えられます。つまり、顎や歯が武器となっていたということです。また、なかでも、巨大化したティラノサウルスは感覚器官、聴覚・視覚・嗅覚も優れていたと考えられています。

恐竜の耳

最強である理由には、ティラノサウルスの獲物を見つける能力、獲物を捕まえしとめる能力、獲物を食す能力があげられます。

獲物を見つける能力としては、感覚器官が重要です。まずは「聴覚」、耳について考えてみましょう。

私たち人間の耳は、外に張り出しているいわゆる「耳」があります。耳を縁取っている「耳輪(じりん)」、耳の下にぶら下がる「耳垂(じすい)」、耳の穴と呼ばれている「耳孔(じこう)」、耳の穴の前にある突起「耳珠」といった構造を持ち、これらをまとめて「耳介」と呼びます。人間の場合、耳孔は外耳道という管状の構造につながっています。よく耳掃除をする場所は、この外耳道の部分になります。この耳介と外耳道の部分を総称して「外耳」といいます。

この外耳道の奥に鼓膜があります。鼓膜は、小さな3つの骨(ツチ骨・キヌタ骨・アブミ骨。3つを合わせて耳小骨と呼ぶ)につながっています。これらの耳小骨は、鼓膜の振動を大きくして内部(後に紹介する蝸牛)へと伝える増幅器の役割をしています。

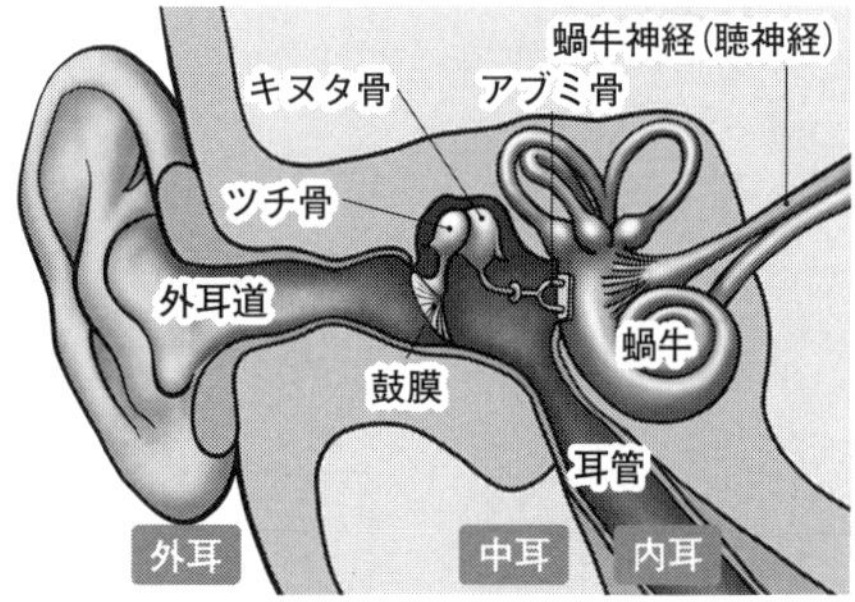

この耳小骨の下に耳管という管が伸びており、中耳の中の圧力を調整します。これらの部分を「中耳」と言います。

そしてさらに奥に「内耳」があります。この内耳は、大きく音を感じる部分(蝸牛)とバランス感覚を感知する部分(前庭と半規管)に分かれています。

それでは、恐竜はどのような耳をしていたのでしょうか? まず、外耳。恐竜をふくむ、爬虫類や鳥類には耳介はありません。外に出っ張っている耳がないのです。また外耳道と呼

図48　ヒトの耳の構造

ばれる管はほとんどないか非常に短いです。「恐竜の耳はどこにあるの？」と聞かれることがありますが、爬虫類や鳥類の耳と同じように、頭の後方部分に小さな孔があったはずです。

次に、中耳はどうでしょうか？　鼓膜はもちろんあります。種類によっては、爬虫類の鼓膜は外から丸見えの状態です。鼓膜の奥がどうなっていたかというと、哺乳類の場合、耳小骨が3つありますが、恐竜や爬虫類、鳥類は1つ（アブミ骨）しか骨がありません。このアブミ骨が、鼓膜の振動を蝸牛へと伝えていたと考えられています。さて、恐竜の場合、他の2つの骨、ツチ骨とキヌタ骨はどこにいったのでしょうか？　恐竜のこの2つの骨は、哺乳類とは似ても似つかない骨になっています。ツチ骨は、上顎の骨の方形骨といわれるもので、キヌタ骨は下顎の関節骨です。いいかえると、爬虫類の顎の一部の大きな骨である方形骨と関節骨が、哺乳類への進化の流れで小さくなり、それが中耳に収まり、ツチ骨とキヌタ骨になったと理解してもらえればいいと思います。

最後に、内耳。恐竜の内耳は、哺乳類と同じように、蝸牛、前庭、半規管があります。これら内耳の大まかな構造は、骨の形状として残っています。ここまで「外耳・中耳・内耳」と説明しましたが、恐竜研究にとっては、特に内耳の構造に多くの情報が込められており、鍵となります。

恐竜の耳のCTスキャン

以前は、頭の中の構造を観察することはできませんでした。内部構造を見るためにはその頭骨を壊さなければいけなかったからです。恐竜の頭骨は非常に貴重なものなので、破壊してまで研究することはありませんでした。ただ、ごく稀に壊れた状態、または、この部分が露出した状態で化石になったものがあり、そこから多少研究されたことがあったくらいでした。

しかし、現在は、技術の進歩によって、壊さずに内部を見ることができるようになりました。恐竜の頭の骨をCTスキャナにかけ、パソコン上で三次元に復元することで、この内耳の構造を探ることができるのです。

私たちが病院で経験するCTスキャナは、人体に影響せずに内部構造を見られる程度のX線を使っています。恐竜の骨化石は、石でできているので、X線の透過があまりよくありません。そこで多くの場合、医療用のCTよりも強いX線を出す機械を使用して、恐竜の頭の内部構造をスキャンします。この技術の進歩によって、平衡感覚（前庭・

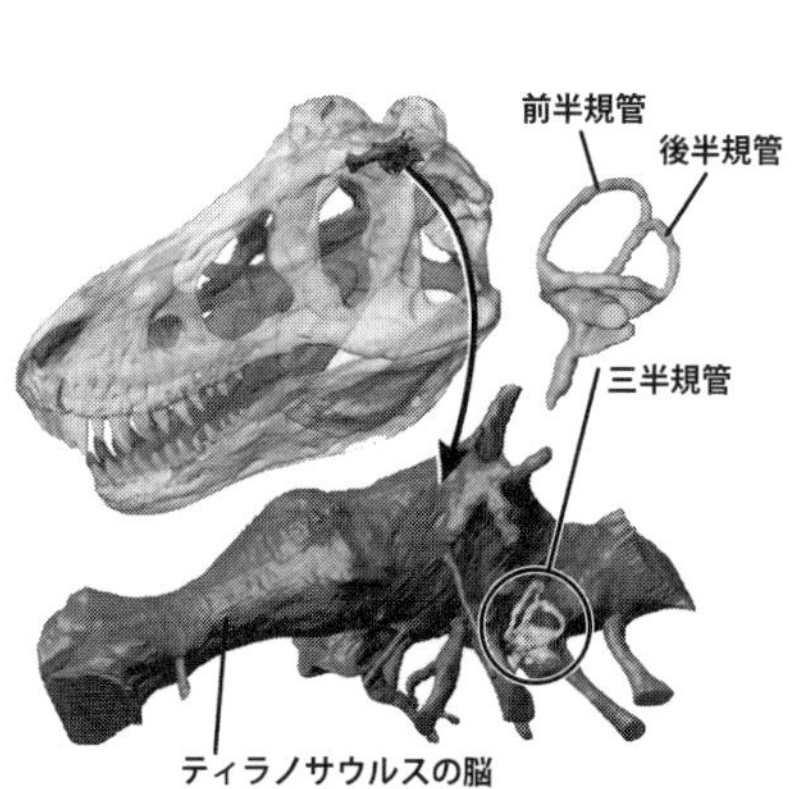

図49　ティラノサウルスの半規管　CG：Lawrence M. Witmer提供

半規管)と聴覚(蝸牛)についてある程度推測ができるようになったのです。

まず、三半規管はどうだったのでしょうか？　三半規管はこの名称の通り、「水平半規管」「前半規管」「後半規管」の3つのループ状の半規管からできています。それぞれ90度の角度(水平・前後・左右)の方向に伸びています。

じつは、三半規管は、進化の過程で形が変わっていきました。「四足歩行」をしていた恐竜ではない爬虫類(ワニ類、トカゲ類、カメ類など)、「二足歩行」の動物として進化した恐竜、翼をもち飛行(滑空)するようになった恐竜、さらに自ら羽ばたき空へと生活圏を変えた鳥類と、三半規管はそれぞれの行動に合わせて変化していったことがわかっています。

さて、これら「四足歩行」「二足歩行から機動性のない飛行」「機動性のある飛翔」と3段階の動物の進化の中で、四足歩行の爬虫類たちは、一般的に前後左右といった二次元の動きをします。そのため、三半規管のうち上下の運動に関係する半規管(前半規管と後半規管)の高さが低いということがわかっています。

ティラノサウルスの耳からわかること

二足歩行に姿勢を変えた恐竜たちは、前半規管が少し高くなり、より上下の感覚に敏感になったと考えられます。空を飛んだ鳥たちは、二足歩行の恐竜よりもさらに機動性を持ち上下の動きが大きくなるため、前半規管が二足歩行の恐竜と比べものにならないくらい高く発達しました。ティラノサウルスは、鳥類ほどではないにしても、二足歩行の他の恐竜と同様に、前半規管が高く発達していました。

三半規管と行動の関係性についてはわからないことは多いものの、ある研究者は、三半規管の形状から、ティラノサウルスは俊敏性、迅速性、行動性が高い動物だったと考えています。

さらに、水平半規管の位置関係から、頭をどのような角度に傾けて歩いていたかがわかるという研究もあります。「頭を傾ける?」と不思議に思った方もいると思います。すべての恐竜が頭を水平にしていたわけではなく、たとえばオルニトミムスやトロオドンなど、種類によっては鼻先を少し下に下げて生活していたものもいるのです。ティラノサウルスは、鼻先を下げず、頭を地上と平行に保ったまま生活していたと考えられています。しかし、研究対象となった獣脚類の中で、なぜかナノティラヌス(ティラノサウルスの亜成体?)と呼ばれているティラノサウルス類は、30度ほど下に傾けていたようです。ただ、他の論文では、現在生きている鳥類の水平半規管と頭の傾き具合を検証した結果、関連性は薄いということが言われており、水平半規管から恐竜の頭がどのようについていたかを推測するのはよくないと考えられています。

ティラノサウルスの聴覚

さあ、いよいよティラノサウルスの聴覚です。内耳の蝸牛(とはいっても、渦巻いた蝸牛の形をしておらず管のような形)がティラノサウルスの聴覚についてヒントをあたえてくれます。恐竜によって、蝸牛の形は異なります。管状になった蝸牛(蝸牛管)の長さは、脳底乳頭(両生類・爬虫類・鳥類の聴覚感覚器官)の神経上皮(神経管の壁の神経幹細胞によって構成)の長さに関係し、聴覚を推定するうえで重要であると考えられています。簡単にいうと、蝸牛管の長さが、聴覚の指標になるということです。ある研究では、大きな体を持っている動物ほど、脳底乳頭は長く、低周波の音に敏感であることがわかっています。

ティラノサウルスの仲間ではないですが、同じ獣脚類のヴェロキラプトルの蝸牛の形から可聴域の周波数が推定されています。それによると、ヴェロキラプトルの可聴域は2368ヘルツから3965ヘルツの範囲で、これはカラスやケープペンギンに近いということです。

また、始祖鳥は、600ヘルツから3400ヘルツの範囲だったと推定されています。ティラノサウルスが聞き取れた周波数の範囲は推定されていませんが、蝸牛管が長いことがわかっています。このことから、ティラノサウルスは、低周波数を聞き取れる耳を持っていたことがうかがえます。低い周波数は、長い距離を伝わるため、ティラノサウルスは遠くの獲物の音を聞くことができた可能性が考えられます。

また、蝸牛の長さの割合を爬虫類全体で比べてみると、ワニ類、鳥類をふくむ恐竜は、その他の爬虫類に比べ長いということもわかっています。これは、親が子どもの発する高い周波数を感知することに関連するのではないか、すなわち子育てに関係しているのではないかという意見もあります。

実際に、ティラノサウルスが聴覚を狩りに利用していたかは不明ですし、低周波数を感知できる耳が、どのくらい狩りに役立っていたかはわかりません。ただ、少なくとも、ティラノサウルスは広い意味で優れた聴覚を持っており、低い周波数の音を聞き取ることが生活において重要だったといってもいいでしょう。

ティラノサウルスの目の大きさ

次に「視覚」はどうだったのでしょうか？　ティラノサウルスの化石を見ると、頭骨には目の入る場所として、眼窩という大きな孔があります。しかし、ティラノサウルスの目はそこまで大きくはありません。

脊椎動物の一部には、強膜輪と呼ばれる骨があり、柔らかい眼球を支えています。人間をふくむ哺乳類には存在しませんが、身近なところだと魚や鳥、トカゲなどの爬虫類にこの骨があります。そして、恐竜が強膜輪を持つことも、化石によってわかっています。

ティラノサウルスの強膜輪は、まだ見つかっていませんが、ゴルゴサウルスの化石には残されているものがあります。強膜輪は、ドーナツ状の形をしています。全体の大きさがほぼ眼球の大きさにあたり、中の穴の部分が瞳の大きさと考えられます。ある研究者は、ゴルゴサウルスの強膜輪を参考に、ティラノサウルスの眼球の大きさは直径11〜12センチ程度と推測しています。ソフトボールの大きさが10センチ程度ですので、それより少し大きい程度です。

立体的に空間をとらえる

視覚は、目から入ってくる情報と、その情報を信号に変え処理する能力に分けられます。目から入ってくる情報については、ティラノサウルスの「両眼視」についての研究があります。

理科の教科書には、ライオンと馬の顔の正面からの写真を使って、「肉食動物は目が前についており、草食動物は目が横についている」という説明があります。肉食動物は、目が頭の正面についていることで、目の前の物体を両目を使って見ることができます。そうして立体的な遠近感を得ることで物体との距離や物体の奥行きを感じることができるのです。いっぽう草食動物の場合は、目が頭の両側についていると、目を動かさなくても、より広い範囲を見ることができ、まわりの様子を効率よく感知することができます。

先に「肉食動物は目が正面についている」と紹介しましたが、目が前についている動物には、霊長類、肉食の哺乳類、そして猛禽類がいます。肉食性の哺乳類や猛禽類にとっては、確かに獲物の捕獲に、獲物との距離がわかる立体視は役に立ったでしょう。いっぽうで、霊長類やフルーツコウモリなどは、肉食性ではないのですが、これらの動物は木の枝や食べ物との距離感を感知するために目が前についています。他の動物を見てみると、ワニ類は肉食の爬虫類ですが、目は頭の正面についていません。また、ハヤブサの目は、完全には前に向いていませんが、それぞれの目に2つの中心窩(目の中の網膜にある視覚に関与している部分で、霊長類は1つ)が存在し、空間感知に優れています。

動物は、片目で見た場合、160度から170度の視野があると言われています。しかも、どの動物も完全に横向きではなく、若干前に傾いているので、かならず視野が重なるところが出てきます。目の位置によって、視野が重なる部分が大きくなり、その重なる部分が大きいほど「両眼視」のできる視野が広くなります。

視野の重なる角度と立体視の関係性は議論を残していますが、20度ほど重なると立体視が可能になるという意見もあります。肉食性が強いカミツキガメは視野の重なりが38度ほどで、草食のカメは18度ほどなので、カミツキガメのほうが20度ほど視野の重なりが大きくなっています。また、穀物食性の鳥よりも、肉食性の鳥のほうが20度ほど視野の重なりが大きいともいわれています。このように、全体の傾向として、肉食性の動物のほうが、目が前に向いていることがわかっています。

肉食性ではありますが、ワニ類の視野の重なりは25度程度しかなく、爬虫類の視野の重なりは45度を超えることはありません。いっぽうで、多くの鳥類は45度以上の重複視野を持ちます。このちがいは、捕食のしかたからきていると考えられます。

ワニ類や他の爬虫類は主に待ち伏せによる捕食をしますが、鳥類は追跡して捕食をします。そのためには立体視はもちろん空間や奥行きの認識が必要で、大きな重複視野を持つようになったのだと考えられています。

これらを踏まえて、獣脚類の両眼視に注目した研究が2006年に発表されています。この研究では、獣脚類の両目は前方向でどのくらいのエリアで視野が重なり、両眼視ができたのかということを検証しています。それによると、

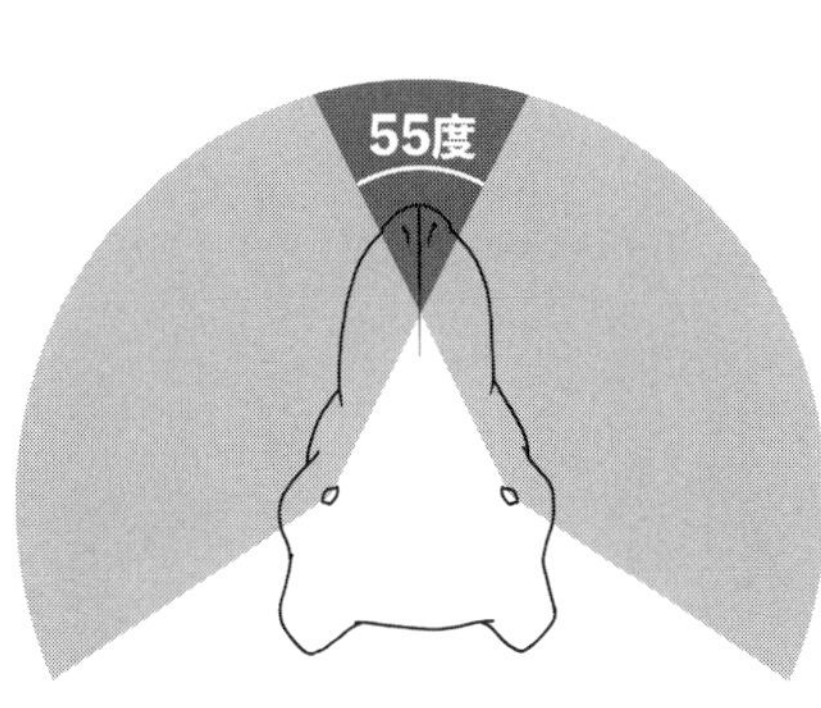

図50　ティラノサウルスの視野

ティラノサウルスは、55度程度の視野の重なりがあります。これは、爬虫類の限界の45度を大きく超え、タカ程度の視野の重なりです。同じティラノサウルス類のダスプレトサウルスは、40度程度だったと推測されました。

この比較からも、ティラノサウルスは、立体視に優れ、ワニ類のような待ち伏せタイプの捕獲ではなく、鳥類のように追跡をして獲物を捕らえていた可能性が考えられます。

また、意外に感じるかもしれませんが、三半規管からも視覚について考察することができます。それは、前庭動眼反射(および視機性眼球反応)の働きにより、頭が動いていても三半規管でその動きを感知し、目の筋肉で調整することで、眼球の網膜にうつる像がぶれずにすむというものです。三半規管が発達している動物は、平衡感覚だけでなく、視覚にも優れているということが言えます。つまり、三半規管が発達していたティラノサウルスは、機敏な頭の動きに対応し、獲物をしっかり見ることができたということを示しています。

ティラノサウルスの嗅覚

最後に「嗅覚」について考えてみましょう。嗅覚は、鼻孔という、いわゆる「鼻の穴」から入ってきた臭い分子をふくむ空気が、鼻腔を通ってその天井にある嗅細胞に接することで、臭いの信号が嗅神経を通じて脳の一部「嗅球」へと送られて感じ取られます。

さて、まずティラノサウルスの鼻の穴についてです。ティラノサウルスの頭骨を見ると鼻先に長さ10センチ強の楕円形の窪みがあります。ここから吸気が入ってきますが、ティラノサウルスの鼻の穴は、この窪みがすべてではありません。鼻の穴の位置については、2001年に論文が発表されています。これは嗅覚と関係ないので簡潔に述べます。この論文までは鼻の穴の位置が適当に描かれていたのですが、この説では、窪みの前にちょこんと鼻の穴があったということが述べられています。鼻の穴の重要性は、嗅覚だけではなく、脳をふくむ体内の熱や水分のバランスを保つために役立ったとも述べています。

鼻孔から入ってきた吸気は、鼻腔を通っていきます。ティラノサウルスの鼻腔は、非常に長く、鼻孔からちょうど眼球の内側に位置する脳の部分まで伸びています。鼻腔から30センチくらいは、管状の空間で、ここは入ってくる吸気の湿度や温度を調整するような場所になっています。そこから奥の空洞では、空気の流れも遅くなり、臭いを感知する嗅球の前にはさらに空洞が広がり、さらに流れを遅くすることで、臭い分子をより敏感に感知できるような構造になっていたようです。

さらに、私が参加したカナダ人研究者との共同研究チームは、嗅球に注目をしました。これまでも、嗅球が大きいということは知られており、その大きな嗅球は、ハゲワシと比較され、ティラノサウルスは、スカベンジャー(腐食動物)であるとも言われていました。そこで、私たちは哺乳類や鳥類、そしてティラノサウルス以外の恐竜の嗅球について調べ、獣脚類における嗅球の大きさについて研究をおこないました。

嗅球は、嗅覚の鋭さに関係すると言われています。ちなみに嗅覚の鋭さとは、臭いのちがいを区別できる能力のことを指し、臭いに対する感度ではありません。鳥や哺乳類においては、嗅球の大きさが大きいほど、嗅覚が鋭いということがわかっています。

鳥の脳を見ると、大脳に対する嗅球の大きさの比率が、採餌方法、営巣、繁殖習慣に関係していると提案されていました。捕食者か腐肉食かにかかわらず肉食性の鳥の中で、嗅覚を使って餌を探す鳥(七面鳥やハゲタカ、キウイなど)は、視覚を使って餌を探す鳥(クロコンドル、ハヤブサ、フクロウなど)に比べて嗅球が大きく発達しています。さらに、嗅球の大きな鳥のほとんどは、肉食や魚食、地面に巣を作る、水辺を営巣地にするなどといった生活をしています。いっぽうで、嗅球の小さな鳥は、雑食や穀物食、木の上に巣を作る、単独で巣を作るといった生活をしています。嗅球の大きさによって、異なった生活をしている傾向があるのです。

私たちは、21種類の獣脚類恐竜の脳の構造を分析し、嗅球の大きさを調べました。すると、大きな恐竜は、大きな嗅球を持っている傾向があるということがわかりました。大きい動物であれば、行動範囲も大きいので広い範囲を感知できる嗅覚が必要だと考えると、理にかなっています。

いっぽうで、この傾向から外れるものがあり、体の大きさの割に嗅球が小さい恐竜として、オルニトミモサウルス類とオヴィラプトロサウルス類があげられ、これらは嗅覚ではなく視覚に頼っていた恐竜であることが判明しました。

面白いのは、嗅球が大きな恐竜でした。ティラノサウルスをはじめとする巨大化したティラノサウルス科(ゴルゴサウルス、アルバートサウルスなど)と「ラプトル」として有名なドロマエオサウルス科の恐竜の嗅球が、体に対して大きく肥大していたことがわかりました。これは、ティラノサウルス科は、他の獣脚類に比べ嗅覚が鋭く、感覚器官において、嗅覚に依存して生活していた可能性を示したのです。よく「どのくらいの嗅覚だったのですか？　人間の何倍？」という質問を受けますが、はっきりとした答えはわかりません。ただ、嗅覚が良かったのはまちがいなさそうです。鋭い嗅覚は、遠くの獲物を感知できるだけでなく、草陰に隠れている獲物や、見えづらい朝まずめや夕まずめの時間帯でも獲物を捕らえることができた可能性があるのです。

さらに面白いのは、原始的なティラノサウルス類であるディロングは、嗅球の大きさが「標準的」なのです。ティラノサウルス類の進化の中で、嗅覚が普通だったものから、巨大化し生態系を支配したティラノサウルスは、鋭い嗅覚を進化させたということになります。

顔面の皮膚感覚

ここで感覚器官のおまけ情報があります。それは、顔面の皮膚感覚です。ワニ類は、水中でじっと獲物を待ちます。その時に微小な水の動きを頭のセンサーで感じ取り、獲物が近づいたら一気に獲物をしとめます。このセンサーとは、顔の皮膚にあるウロコに張り巡らされている三叉(さんさ)神経です。これによって外皮感覚器という、これまでの「聴覚」「視覚」「嗅覚」とは異なった感覚器官がはたらいているのです。

2017年に発表された研究では、ティラノサウルス科のメンバーであるダスプレトサウルスにも、このような感覚器官が存在していたという説が発表されました。ワニ類は水中に生活しているため、この器官を捕獲のために使うというのは納得ですが、陸上に棲むティラノサウルスの仲間が、この敏感な感覚器官を獲物を捕らえるために使ったかは疑問です。著者たちは、このセンサーを使って巣の温度管理や子育て、求愛行動に使った可能性があると考えています。

ティラノサウルスの顎の力

さてここまで感覚器官の説明を通して「獲物を見つける能力」について話をしました。ここからは、「獲物を捕まえしとめる能力」と「獲物を食す能力」について考えてみましょう。優れた感覚器官で獲物を見つけても、それを追いかけて、襲いかかり、しとめ、食べなければいけません。この過程を考えるときにヒントになるのが、ティラノサウルスの顎の力です。

ティラノサウルスの「顎の力」は肉食恐竜の中でも特に強かったと考えられています。その証拠に、ティラノサウルスの歯が、ハドロサウルス科やケラトプス科といった恐竜の骨に刺さった状態で見つかっていますので、かなり強い噛む力があったことはまちがいありません。また、ティラノサウルスの強靭な顎と、バナナのように太い歯も、噛む力が強かったことを示しています。

このティラノサウルスの噛む力がどのくらいあったのかを検証した研究がいくつかあります。まずは、1996年に発表された研究では、顎の真ん中あたりだと6400ニュートン、顎の後ろのほうの歯だと1万3400ニュートンの力と計算されました。これは、トリケラトプスの腰

ティラノサウルスの標本番号	頭骨の長さ(cm)	頭骨の幅(cm)	噛む力の推定範囲(ニュートン)
FMNH PR 2081	127.5	90.2	17,769-34,522
LACM 23844	136.5	89.0	16,352-31,284
MOR 980	128.2	81.5	14,201-30,487
MOR 008	116.2	79.6	13,736-28,101
BHI 3033	126.5	77.2	12,509-24,272
RTMP 81.6.1	117.2	70.5	12,197-21,799
BHI 4100	111.5	59.2	8,526-18,014

図51　ティラノサウルスの噛む力の個体差　Paul M. Gignac & Gregory M. Erickson(2012)を引用、改変

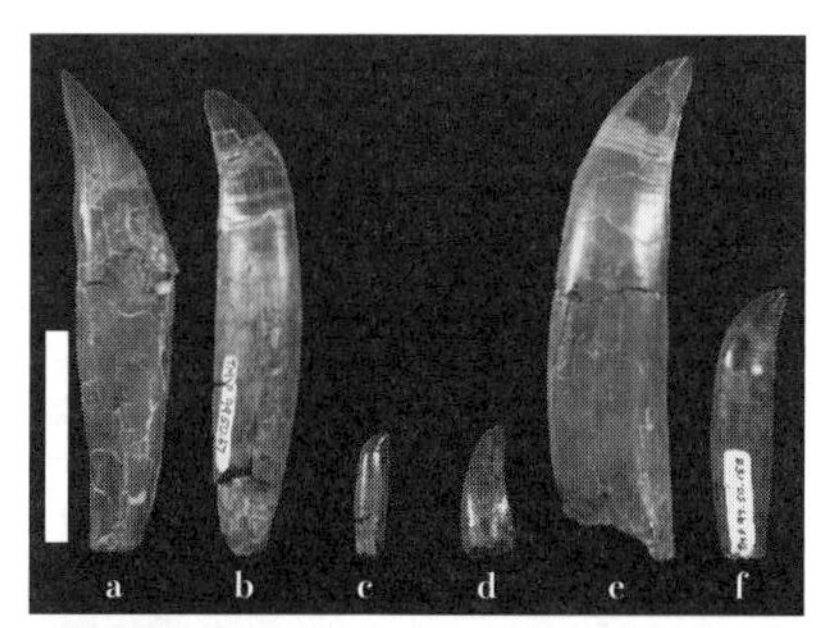

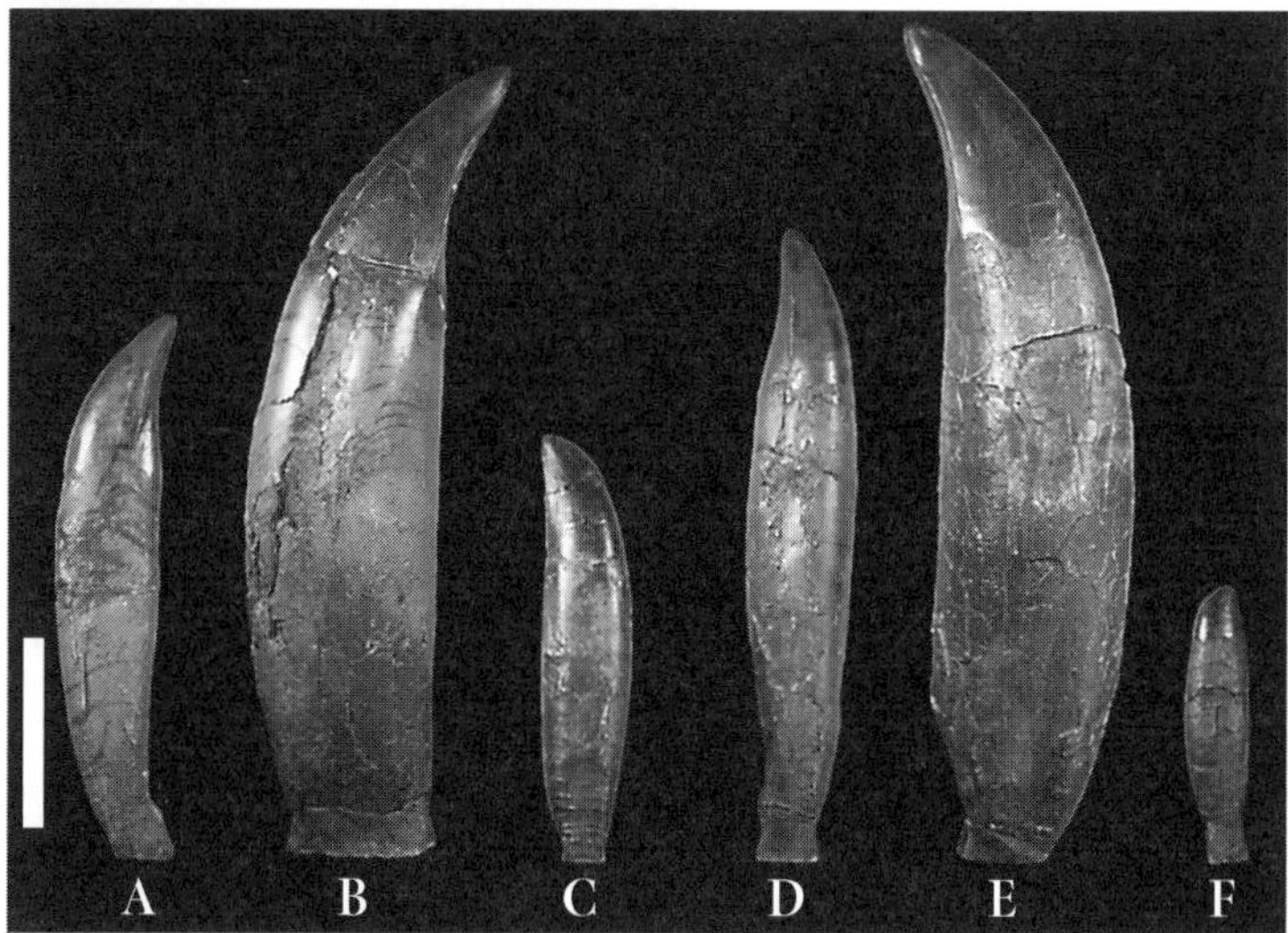

図52　アルバートサウルス（上）とティラノサウルス（下）の歯　白いバーは5cm
Photo：Miriam Reichel提供

の骨にティラノサウルスの歯の跡が残されていることからヒントを得て、ティラノサウルスの1本の歯を牛の骨盤に食い込ませるためにはどのくらいの力が必要かをシミュレーションしたものでした。9・8ニュートンが1キログラム重なので、653〜1367キログラム重の力となります。また、これは歯1本の力ですので、すべての歯が6400ニュートンとした場合、口全体では15万3600ニュートン（1万5673キログラム重）の力を生み出したということになります。

次に2002年に発表された研究は、現在生きている爬虫類と哺乳類を解析すると、体重と噛む力は高い相関関係にあるというところに注目しました。つまり、大きな動物ほど噛む力が強いということです。この研究では、ティラノサウルスの体重が5371キログラムとした場合、顎全体の噛む力が23万5000ニュートン（2万4000キログラム重）ととてつもない噛む力を算出しました。これは、1本の歯にかかる力は9800ニュートン、約1000キログラム重の力となります。

そして、2012年に発表された研究（のちに2018年にデータを修正）は、より複雑なコンピューター工学の手法を使い解析をして噛む力を推定しています。この研究によると、奥の歯1本に、2万9510〜5万3735ニュートン（3011〜5483キログラム重）の噛む力があったとされています。上顎の歯を24本で換算すると、顎全体では71万〜

129万ニュートン（約7・2万から13・2万キログラム重）の力を出したことになります。

続いて、2017年の論文では、7つのティラノサウルスの頭骨から推測し、研究で使われたいちばん大きなティラノサウルス（通称スー）の1本の歯にかかる力が、1万7769〜3万4522ニュートン（1813〜3523キログラム重）と推定されました。

これらの推定にちがいがある大きな原因は、顎の筋肉の長さと構造の設定のちがいにあります。どの数字が正しいにせよ、1本の歯の噛む力が最小で653キログラム重、最大で5483キログラム重です。顎全体だと1万5672〜13・2万キログラム重となります。

つまり、ティラノサウルスの噛む力は、現在生きている肉食性の動物と比べものにならないくらい強く、骨ごと砕き肉を食べる能力があったということです。

さらに、口を大きく開けることもできました。ティラノサウルスは約32度が最適の口の開きであり、最大63・5〜80度くらい開けたと推測されています。かなり大きく口を開けて、獲物を襲うことができた可能性があります。

大きな口を開け、噛みついたら骨ごと砕いてしまう顎と歯。こんなに恐ろしい武器はなかったでしょう。

超肉食恐竜の恐ろしさ

優れた感覚器官で獲物を探し、噛みついたら一撃でしとめてしまう。ティラノサウルスの頭の構造を探ってみただけで、その恐ろしさがわかってくれたと思います。

ティラノサウルスを間近に見ることができるのは、博物館の化石か、映画や小説の中だけです。仮に、タイムマシンが発明されて過去に戻ることができたとしても、ティラノサウルスを見に行こうなんて気安く考えてはいけません。仮に、技術が進歩して恐竜を蘇らせることができるようになったとしても、ティラノサウルスを蘇らせるのはよく考えてください。どんなに遠くにいても、暗闇にいても、草陰に隠れても、その優れた感知能力で、あなたはティラノサウルスに見つかってしまい、強靭な顎と歯で、骨ごとバリバリと食べられてしまうでしょう。

第6章　ティラノサウルスの走行能力と狩り

ティラノサウルスは時速何キロで走ったのか？

いままで見てきたように、ティラノサウルスは超肉食恐竜です。その卓越した能力を存分に発揮して、おそらく同時代に生きていたトリケラトプスのような大型の恐竜も狩っていたにちがいありません。獲物を狩るには、追いかける「走行能力」が必要です。

まずはティラノサウルスの「走行能力」について考えてみましょう。走行能力という言葉で表していますが、「走行性」と「俊敏性」の二つの要素があります。走行性というのは、簡単にいうと直線距離をどのくらいで走れるかという速度のことです。ティラノサウルスは、時速何キロで走るといった指標で表されるものです。いっぽうで、俊敏性は、直線的な動きだけではなく回転の運動もふくむ複雑な行動と考えられます。

ティラノサウルスは、二足歩行の動物で最大級の体を持っています。恐竜界の中だけではなく、動物の歴史上でも最大級というのが驚きです。そのため、これまで恐竜の研究でもティラノサウルスの走行能力は注目されていました。研究者の中でも「俊足派」と「鈍足派」があり、現在でも議論中です。

比較的最近の最もセンセーショナルな研究として、2002年にジョン・ハッチンソンが科学雑誌『Nature』に発表した『ティラノサウルスは速く走れなかった』という論文がありました。この研究が発表されるまでには、「俊足派」は秒速20メートル（時速72キロ）程度で、「鈍足派」は秒速11メートル（時速39・6キロ）程度という研究がありました。

「俊足派」では、ティラノサウルスが長い後ろあしを持っていることから「ティラノサウルスは、時速64キロ以上で疾走するシロサイを簡単に追い抜くことができただろう」と意見する研究者もいました。鈍足派の秒速11メートルといっても、100メートル9秒ちょっとですから、人間では太刀打ちできない速さです。

そこで、ハッチンソンは、ニワトリとアリゲーターを参考に、これだけ大きな体をした恐竜（この研究では6トンと仮定）が走るにはどのくらいの脚の筋肉（伸筋）が必要かを検証しました。4本足でゆっくりと歩くアリゲーターは、体重の3・6％が筋肉の重さで、2本足で速く歩くニワトリは8・8％でした。

アリゲーターが走るためには、実際に持っている筋肉を超える体重の7・7％の脚の筋肉が必要だと計算されました。体重の3・6％しか脚の筋肉がないアリゲーターは走ることができないと予想され、実際にアリゲーターは走ることができません。いっぽうで、ニワトリが走るためには体重のたった4・7％の筋肉しか必要とせず、走るのに十分な筋肉がついているという結果になりました。

では、ティラノサウルスはどうだったのでしょうか。秒速20メートル（時速72キロ）程度で走るために片脚に必要な筋肉量は、体重の43％とされ、両脚で体重の86％の筋肉量が必要と結論づけられました。こんなことが可能なのでしょうか？

現在生きている脊椎動物を見ると、体全体の筋肉量が、体重の半分を超えることはありません。また、全体の筋肉量のうち5％から40％が後脚についています。つまり、1本の後脚の筋肉量が、全体重の20％を超えることはなく、ティラノサウルスの86％がいかに非現実的かわかると思います。他の研究では、ティラノサウルスの脚には体重の7％から10％ほどの筋肉しかついていないとも考えられています。さらに、ハッチンソンは、ニワトリを参考にした場合、ティラノサウルスが走るためには、片脚に体重の99％の筋肉が必要であり、両脚では198％の筋肉が必要と推定しました。つまり、ティラノサウルスは走るためにはありえない筋肉量が必要であり、俊足か鈍足かどころか、走ることができなかったという結論に至ったのです。ちなみにハッチンソンは、ティラノサウルスの最大の歩行速度は、秒速5メートル（時速18キロ）と推定しています。これは、50メートル走で10秒なので、人間でも頑張れば勝てそうな速度ですね。ちなみに、ハッチンソンは、体重１４０キロ程度のティラノサウルス科ゴルゴサウルスの亜成体でも、片脚に体重の21％の筋肉が必要で、走っていたかどうかも疑問が残るとしています。

ハッチンソンの研究の後も、解剖学的な視点だけではなくシミュレーションなどをおこない、ティラノサウルスの走行速度についての論文が発表されていますが、大体において秒速8メートル（時速29キロ）以下だったのではないかと考えられています。

最後に走る速度について、もう一つ研究を紹介します。それは、「体の大きさと走る速度」の関係です。体が小さいと動く速度が遅く、大きいと動く速度が速いという一般的な傾向があります。しかし、かならずしもそうでもなく、動くのが速いチーターは、ネコ科動物の中でいちばん体が大きいというわけではなく、どちらかというと中間くらいの体の大きさです。

ここに注目しドイツの研究者たちは、あらゆる動物５００種類くらい、体の大きさだと50ミクログラムから１００トンまでの動物からデータを取りました。すると陸上に棲む動物も、海を泳ぐ動物も、空を飛ぶ動物も同じような傾向が出たのです。小さい動物から大きくなるにつれて動く速さが速くなっていくのですが、ある体重に達すると、動く速度が右肩下がりで落ちていくのです。

この研究者たちは、どのような生活環境でも、同じようなパターンが見られることに気づき、恐竜の走る速さも推測してみました。すると、巨大な植物食恐竜の竜脚類であるアパトサウルスは時速17キロでブラキオサウルスは時速12キロ程度、そしてトリケラトプスが時速24キロくらいと結論づけました。さらに、二足歩行の獣脚類は、小型のヴェロキラプトルが時速55キロ、大型のアロサウルスが時速41キロ、そしてティラノサウルスが時速27キロと推定したのです。ただし、この推定には、かなりの範囲があり、ティラノサウルスは、時速18〜32キロの範囲となっています。それでも、ティラノサウルスとトリケラトプスがかけっこをしたら、ティラノサウルスが若干速いので、トリケラトプスに追いつけたということになります。

歩くスピードはどれくらい?

ティラノサウルスがどのくらいの速さで走れたかという

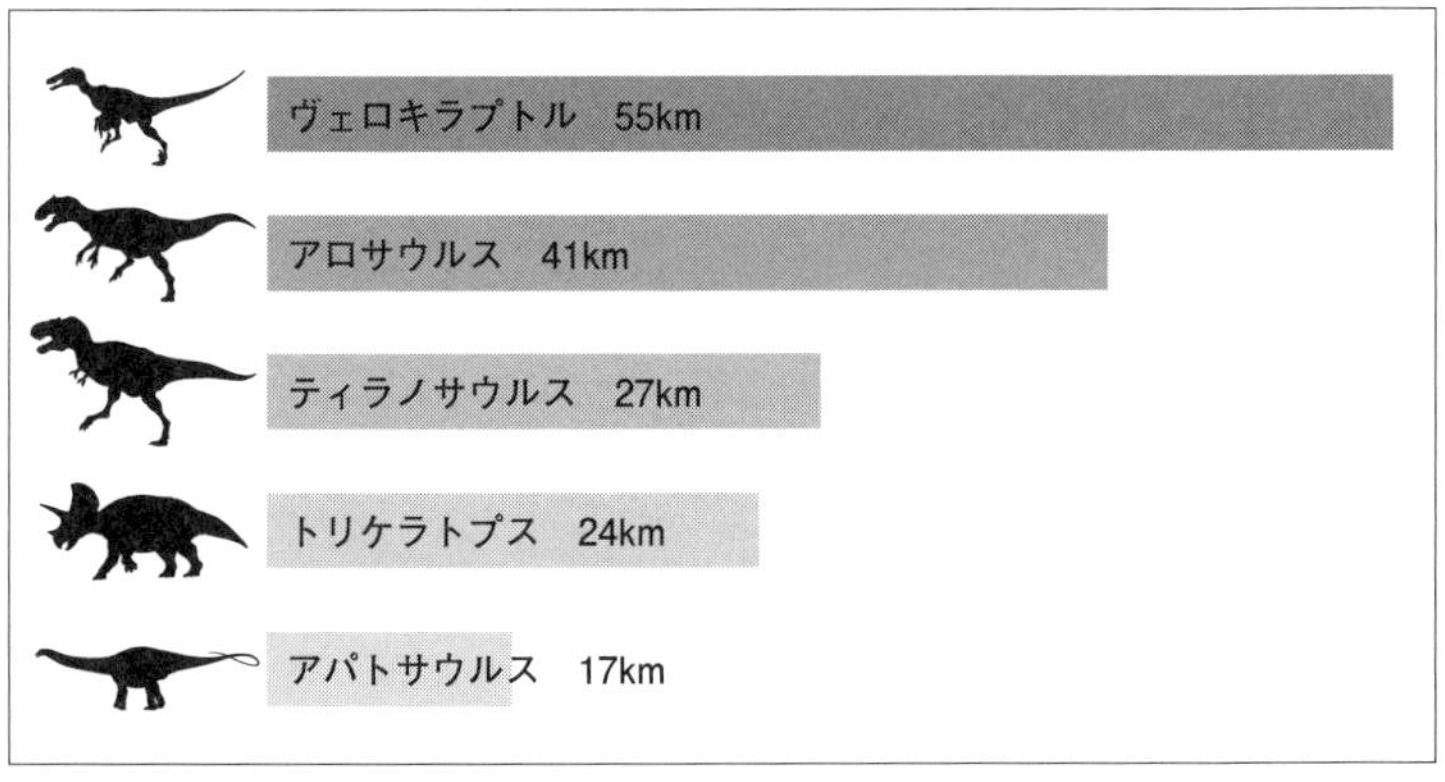

図53 恐竜の走る速さ

のは、誰もが興味を持つと思います。それでは、日常でティラノサウルスはどのくらいの速さで〝歩いていた〟のでしょうか。走るより歩くほうが疲れずに移動できます。当たり前の感覚ですが、哺乳類において歩くという動きが、いちばんエネルギーを使わずに移動する手段なのです。また、歩くときに動物は体の一部を使ってリズムを取り、動いています。たとえば、私たち人間でいうと、脚の動きの振動数と、腕といった体の一部の振動を共振させて歩いています。

パシャ・ファン・ベイレルトたちヨーロッパの研究者は、ここに注目してティラノサウルスの歩く速度を算出しました。彼らは、ティラノサウルスの長い尻尾に着目し、ティラノサウルスは尻尾を使ってリズムを取っていたと考えたのです。長い尻尾は、靭帯で繋がれており、ティラノサウルスが歩くと尻尾が縦に振動します。縦揺れの振動が、この靭帯によって吸収され無駄なエネルギーを使わなくて済みます。どのくらいの速度で歩くとこの構造と共振するかを計算したのです。すると、その振動は1秒に0・66回と計算され、この振動でティラノサウルスが歩く速度は、時速4・6キロ程度だと算出されました。これは、人間の歩く速度に近く、ティラノサウルスの散歩する速度は、私たち人間とあまり変わらなかったということです。歩く速度(時速4・6キロ)と走る速度(50メートル10秒)と考えると、私たち人間とほぼ同じであり、何か親しみを感じます。

恐竜の歩く速度や走る速度は、連続した足跡化石を基に算出することができます。足跡から、恐竜の速度を測定する公式が1976年に提案されています。たとえば、私たちの普段の歩く歩幅は、70〜80センチです。走ると歩幅が広がり、1メートル以上になります。100メートル走のオリンピック選手は一歩が2メートルを超えます。簡単にいうと歩幅が広ければ広いほど速くなるということです。もう少し正確にいうと、歩幅の1・67乗に0・71をかけて、腰の高さの1・7乗で割ると、その歩幅のときの速さが算出されます。都合のよいことに、1976年の論文では、恐竜の場合、足のサイズの4倍が腰の高さと推定できるとしています。4倍というのは、恐竜全般で使われている数字なのですが、ティラノサウルスは、脚が長いので、異なった式があります。それは、足の大きさ(足跡1個の前後長)の0・711乗に29・8をかけると腰の高さが出るというものです。どちらにせよ、恐竜の足跡が複数続く歩行化石があれば、その時の速度を計算できるということです。

最近までティラノサウルスの複数の足跡がついた痕は発見されていませんでした。しかし、近年、カナダとアメリカからティラノサウルスかその仲間の連続歩行の化石が発見されました。カナダの足跡からは、秒速1・84から2・36メートルと推定され、アメリカの足跡では秒速1・24から2・23メートルと推定されました。これは、時速4・4〜8・5キロと、人間でいうと歩く速度から軽く走っている速度程度だということがわかります。これらの化石証拠は、ティラノサウルスがこのような速度でも歩いていたということを示します。

では、ティラノサウルスは、なぜ長い後ろ脚を持っていたのでしょうか。ある研究では、この長い後ろ脚は、速く走るためのものではなく、エネルギーの消費を抑えるものであり、効率よく移動し、餌をとることができたと考えられています。

ただ一つ言えるのは、大人のティラノサウルスは、走行性は低く、短距離走のように「よーいドン！」で、ただ追いかけて獲物を捕まえるというのは、苦手だったのではないでしょうか。

ティラノサウルスの回転性能

では、ティラノサウルスは、ただの巨大でノロマな動物だったのでしょうか。確かに直線的な動きは優秀ではなかったけれども、回転をともなう俊敏性は意外によかったという研究成果が出ています。チーターなどの脊椎動物は、尻尾などの軸骨格の一部をねじることで力を生み出し、その後、残りの部分を回転し傾けることで、体全体を回転させます。ティラノサウルスやその他の獣脚類の恐竜は、腰と後ろ脚の筋肉を使って、体を回転させていたと考え、比較してみました。すると、ティラノサウルスは、アロサウルスなどに比べ俊敏性が高く、速く体を回転させることができたということがわかりました。前へ移動する「歩く・走る」は苦手だったかもしれませんが、くるっと回転して獲物を逃さないという戦略を取っていた可能性があるのです。

群れで行動していた？

ここまで、ティラノサウルスの走行能力を見てきました。目の前に大きな大人のティラノサウルスがあらわれても、意外に足が遅いから逃げ切れるかもしれません。しかし、ティラノサウルスが1頭だけならよいかもしれませんが、複数の集団だったらどうだったでしょう？

アメリカのサウスダコタ州からは、1ヵ所の発掘地から少なくとも4体のティラノサウルスの骨が発見されています。この場所からは、あの有名な「スー」が発見されています。ティラノサウルスの化石の中で最も完全な全身骨格とされ、全身の73％の骨が発掘されています。この場所から、スーよりも小さい3体のティラノサウルスの骨が発見されています。これが集団だった証拠かどうかは、今のところわかりません。なぜなら、この産地からは、エドモントサウルスやテスケロサウルスといった他の恐竜の骨も発見されています。たまたま、川の流れに乗って、エドモントサウルスやテスケロサウルスの骨と一緒に流されてきた可能性があるからです。

また、ティラノサウルス以外にも、ティラノサウルス科の恐竜が複数個体見つかっています。たとえば、モンゴルからは、ティラノサウルスに匹敵する凶暴で大きなティラノサウルス科のタルボサウルスの複数個体が1ヵ所から見つかっています。さらに、アメリカのモンタナ州では、3体のダスプレトサウルスと5体のハドロサウルス科の化石が一緒に見つかっているところや、4体のダスプレトサウルスの化石が見つかっているところがあります。

いちばん驚きなのが、カナダのアルバータ州のドライアイランドという場所から、13個体以上のアルバートサウルスの化石が発見されたことです。ここで勘違いしないでほしいのですが、13体分の全身骨格が発見されているわけではありません。ボーンベッドといわれるものので、13個体のアルバートサウルスからごく一部の骨もふくめてバラバラになった骨が1ヵ所に集まった状態の化石なのです。それでもこれだけの数が1ヵ所から発見されるというのは大変驚きです。

しかも、他の場所はティラノサウルス科以外の恐竜の骨がふくまれていますが、このアルバートサウルスのボーンベッドでは、アルバートサウルスだけしか見つかっていないという珍しい発見でした。大きさはまちまちで、体重が200キロ程度のものが2頭、400キロ程度のものが2頭、800キロが1頭、1トンクラスが6頭、1・4トンが1頭、そして最大では1・8トン級が1頭いたようです。これだけ大きな獣脚類1頭が、生きるために必要な敷地面積が２００平方キロメートルだと言われています。これは、東京23区の東に位置する足立区、葛飾区、江戸川区、江東区の４区を足しても足りないくらいの広さです。それが、13頭以上も一緒にいたとなると、10倍までいかないにしても、３倍でも東京23区の面積が必要となります。これだけの面積を必要としていたアルバートサウルスが、たまたま同じ場所で死んだという可能性は極めて低いのです。また、どの骨を見ても食べられた痕跡がありません。つまり、これら13体は一緒に過ごしていたと考えるのが妥当でしょう。

アルバートサウルスの子供は足が速かった？

さらに興味深いことに、この大きさのちがうアルバートサウルスの脚の骨に注目してみると、小さい個体は脚(中足骨)が細く、大きな個体になるほど脚の骨が太いということがわかりました。小さい個体の脚の骨は、恐竜の中で最も俊足だとされているオルニトミムス科(時速70キロとも推定されている)によく似ていたのです。このことから、小さい個体、つまりは子供のアルバートサウルスは、大人のアルバートサウルスよりも足が速く、大人とはちがう、俊足という長所を持っていたと考えられました。大人は足が遅いけれども、強靭な顎を持っています。それぞれの長所を生かしながら、アルバートサウルスは狩りをおこなっていた可能性が指摘されています。

集団で行動し、そして、獲物を見つけたら足の速い子供のアルバートサウルスが、獲物を追いかけます。そして、獲物に追いつき集団で襲います。または、獲物を牧羊犬のように追いかけ、親のほうへ追い込みます。何も知らずに逃げている植物食恐竜。そこへ、待ち伏せしていた親たちがあらわれ、数頭で一気に襲いかかります。追いかけるのは遅くても、素早い回転をして獲物を逃さず、急所を攻撃してしとめます。もしかしたらアルバートサウルスの集団は、このように狩りをおこなっていたのかもしれません。

研究者の中には、アルバートサウルスの集団狩り説を否定している人もいます。同じ場所から13体見つかったからといって、一緒に行動していたとは限らないというのです。もしかしたら洪水や干魃（かんばつ）、火事などいろんな要因でたまたま1ヵ所に集まり、死んでしまったのかもしれない可能性を指摘しています。また、仮に一緒に生活していたとしても、集団で狩りをしていたというわけではないのでは

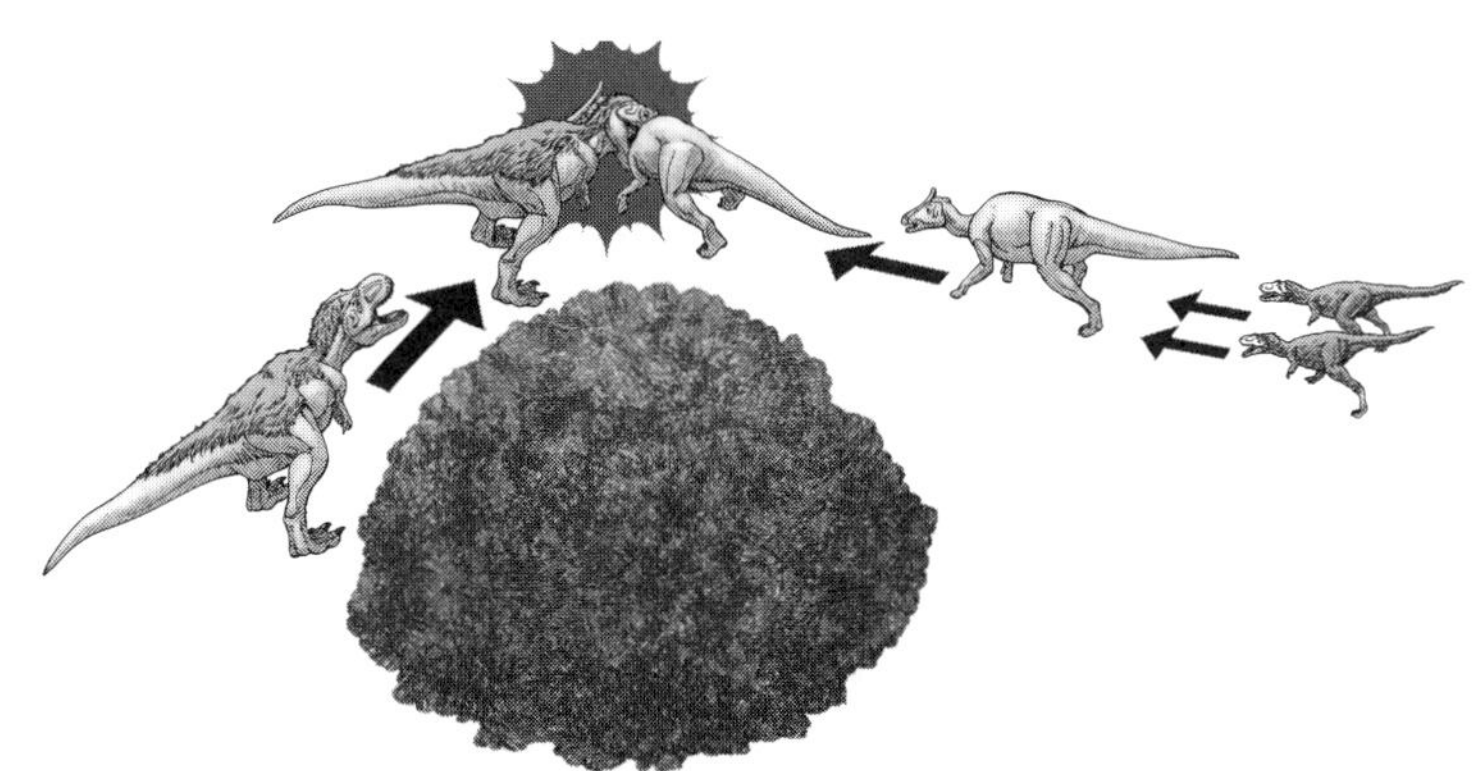

図54　アルバートサウルスは集団で狩りをしていたのか？

というのです。たとえば、ワニも繁殖期になると親が子供を守るために一緒に過ごします。アルバートサウルスも大人と子供が入り混じっています。これは、ワニのように単に世話をしている親との家族だった可能性があるのではないかということです。

行動は化石に残りません。私たちは、骨や化石の保存状態からその動物の行動を推測します。この方法では限界があり、本当の答えが出ることはないかもしれません。ただ、私の個人的な考えとしては、アルバートサウルスは、まちがいなく集団行動していたと思います。集団で狩りをしたかどうかは難しいですが、先に述べたように追いかけるのが得意ではないティラノサウルスやその仲間たちがどのようにして獲物をしとめたのかと考えると、1頭ではなく多数で襲っていたというのは腑に落ちます。

先ほど、ティラノサウルスは鈍足だ、人間と速さは変わらないという話をしましたが、それは大人のティラノサウルスのことで、子どものティラノサウルスはアルバートサウルスのように体が華奢(きゃしゃ)で速く走れたと推測されています。

とはいえ、アルバートサウルスが集団で狩りをおこなっていたら、その仲間のティラノサウルスも集団で狩りをしていたと結論づけるのは難しいことです。たとえば、ライオンが集団で狩りをするからといって、ライオンに近いヒョウやトラは集団で狩りをしません。

先に述べた、ティラノサウルス「スー」と一緒に見つかった3体のティラノサウルスは何を意味するのでしょうか？　ティラノサウルスもアルバートサウルスのように集団で狩りをしていたのかもしれません。そうではなく、たまたま4体が流れ着いたのか、または4体が何かの原因で同じ場所に集まり、そして死んでしまったのかもしれません。

どちらにしても、広い意味では、ティラノサウルス同士が同じ空間を共有していたのはまちがいないのです。アルバートサウルスの研究が持つ問題と同じように、ティラノサウルスが一緒に棲んでいたのか、一緒に棲んでいたとしたらどのような理由だったのか、と疑問と想像は膨らみます。

大型の獲物を狩っていた？

獲物を襲うのに大事なのは、絶対的スピードではありません。捕食者と獲物の相対的スピードです。どんなに足が遅くても、獲物に追いつけばよいのです。獲物を追いかけて襲う方法や、待ち伏せして襲う方法。それに、獲物が動かない、または何かの理由で速く動けない状況にあれば、ティラノサウルスは獲物を襲うことができます。

実際、ティラノサウルスはトリケラトプスより走るのが速い可能性が高いだけではなく、あれだけ大きな体をしていれば、獲物も同じように大きかった可能性があります。現在の動物の傾向から、襲う動物の体が大きければ大きいほど、襲われる動物の体も大きくなるという関係性がわかっています。その関係からすると、トリケラトプスは、ティラノサウルスの獲物として適した大きさです。つまり、1頭のティラノサウルスでもトリケラトプスを襲っていた可能性があります。そして集団で行動することによって、より大きな動物を襲うことができることもわかっています。ティラノサウルスが集団で行動することにより、より効率よく獲物を捕らえることができるだけではなく、より大きな獲物を少ない危険でしとめることが可能になるのです。

最適採餌理論というのがあります。この理論は、食べ物のエネルギーとその食べ物を得るためのエネルギーや時間との関係性を示したものです。同じ食べ物を、短い時間で得られる場合と、長い時間をかけて得られる場合、当たり前ですが、短い時間で得られるほうの餌を食べます。いっぽうで、栄養価の高いものを長い時間をかけて手に入れるのと、栄養価の低いものを短時間で探せる場合はどうでしょうか？　このような微妙な場合でも、生物は、いかに効率よくエネルギーとして餌を手に入れるかという選択をつねにおこなっているのです。

ティラノサウルスも同じだったと考えられます。大きな体のトリケラトプスやエドモントサウルスは格好の獲物だったにちがいありません。ただ、彼らはティラノサウルスに負けないくらい大きな体をしています。また、トリケラトプスには防御と攻撃のためのフリルと角があり、エドモントサウルスは身を守るために集団で行動しています。このような獲物に襲いかかるのは危険がともないます。1頭のティラノサウルスが、1頭のトリケラトプスやエドモントサウルスをしとめることができれば、最高のご馳走が待っています。そのいっぽうで、1頭で追いかけ襲いかかるには、高いコストと危険がともないます。

もし、ティラノサウルスが集団で狩りができれば、追いかけるエネルギーや反撃を受ける危険が大幅に減ったことでしょう。そのかわり、しとめた餌はみんなで分けることとなり、一回で得られるエネルギーは減ってしまいます。このメリットとデメリットの天秤によって、ティラノサウルスの集団狩猟の可能性は左右されたことでしょう。

第7章　ティラノサウルスは共食いをしていたのか?

共食いの現場検証

最強のティラノサウルス。巨大な体だけでなく、いろんな武器を備えていた殺戮マシーン。生態系のトップを支配していた恐竜には敵がいないと思われていました。しかし、無敵のティラノサウルスは、その最強頂上決定戦を決めるかのように、ティラノサウルス同士で戦っていたかもしれない、そしてティラノサウルスがティラノサウルスを食べるという共食いがおこなわれていたかもしれないという世界を提案している興味深い論文が次の3本です。どれもそうですが、まるで警察が殺人事件の現場検証をおこなうように、残された証拠をもとに、その「犯人」はどのような「犯行」をおこなったかを解明するような研究です。

残された噛み跡

まず最初に、『仲間に噛まれたティラノサウルスの顎：死肉を漁っていた？ 致命的な格闘?』という論文を見てみましょう。

現場に残された証拠は、ティラノサウルス科の下顎の一部でした。左の下顎で、前後に長い下顎の骨の前の部分しか残っていませんでした。残された下顎の大きさは10~15センチ程度。大きくも小さくもないくらいのサイズでしょうか。他のティラノサウルス科の下顎と比べてみると、おそらく体の大きさ(全長)が7メートルほどと推測されます。下顎の特徴は、ダスプレトサウルスかゴルゴサウルスに似ています。どちらの恐竜かは特定できませんが、ティラノサウルスの仲間であることはまちがいないようです。

この下顎には、ティラノサウルス科の歯の先が刺さっています。刺さっている歯は、大きさが5ミリほどしかなく、先だけが刺さって折れてしまったのでしょう。その歯には、鋸歯と言われるギザギザが残っています。このギザギザの大きさや形は、肉食恐竜の種類によって異なっています。この歯のギザギザを見ると、ティラノサウルス科の歯であることは明らかです。

この状況証拠から、研究者たちは推測を始めます。まず、この下顎の持ち主は、骨の特徴からダスプレトサウルスかゴルゴサウルスというところまで絞り込めました。さて、どちらの恐竜でしょうか。この下顎が見つかった地層からは、ゴルゴサウルスの化石がたくさん見つかっています。骨の特徴からは判断できませんが、この骨が見つかった地層からよく見つかっているティラノサウルス科の恐竜がゴルゴサウルスということから、ゴルゴサウルスの下顎と判断してもいいでしょう。同じ理由から、顎に刺さっている歯の持ち主も、ゴルゴサウルスと考えられます。どちらもゴルゴサウルスなので、便宜上ニックネームをつけましょう。歯の持ち主で襲ったほうを「ジェイソン」、顎の持ち主で襲われたほうを「アニー」としましょう。

「ジェイソン」の歯は、「アニー」の顎の骨に6ミリくらい食い込んだ状態で残っていました。硬い骨に歯が刺さるにはどのくらいの力が必要かというと、ティラノサウルス(T-rex)の歯だと骨に刺さるまでに650ニュートン、骨に1ミリめり込ませるのに2300ニュートンという力が必要とされています。まあ、大体刺さるのに65キロ、めり込ませるのに230キロの力というところでしょうか。6ミリめり込んでいるので、単純に計算して刺さるのに65キロと230×6で1380キロ。足して1445キロの噛む力がかかったと考えられます。

すごい力ですが、これは太い歯を持ったティラノサウルスの場合です。ゴルゴサウルスの歯は、ティラノサウルスよりもずっと細いので、断面積で割ると、「ジェイソン」の噛む力は605キロほどだと考えられるようです。よくペットの猫や犬がじゃれてきて「甘噛み」をしますが、ティラノサウルスの半分以下とはいえ、甘噛みどころではない噛む力ですね。「ジェイソン」は、かなり「殺意」を持って噛んだことはまちがいありません。さてここで新しい疑問が生まれます。「ジェイソン」は、「アニー」を殺したのでしょうか？

「アニー」の顎の骨を見ると、治癒した痕がありません。一般的に、骨がダメージを受けると、数週間のうちに治癒が始まります。しかし、骨に治癒の痕跡がないということは、「ジェイソン」の歯が刺さった後、数週間以内に、「アニー」は死んでしまったということになります。「数週間以内」という言葉をもう少し考えて、この現場検証をしてみましょう。

・シナリオ1：「ジェイソン」が襲撃して、「アニー」は命からがら生き延びる。しかし、数週間のうちに、この傷が原因なのか、他の要因なのか、「アニー」は死んでしまった。
・シナリオ2：「ジェイソン」が襲撃して、「アニー」は反抗するが、戦いに敗れ、その場で命つき果ててしまった。

シナリオ1の場合、「アニー」の骨が見つかったところは、「アニー」の死に場所だったが、「ジェイソン」との戦いの場ではなく、「ジェイソン」の餌食にはならなかったということになります。いっぽうで、シナリオ2は、「アニー」の骨が見つかったところが、「アニー」と「ジェイソン」の戦いの場であり、「アニー」の死に場所であったということになります。

実は、もう一つ第3のシナリオが考えられます。それは、「ジェイソン」が「アニー」を見つけたときには、すでに「アニー」は死んでいたということです。死んでいる「アニー」を見つけた「ジェイソン」は、死んでいる「アニー」の頭部に歯が骨に食い込むくらいの強い力で噛みついたということになります。

さあ、ここで、「ジェイソン」の犯行理由を考えてみましょう。シナリオ1と2の場合、「ジェイソン」と「アニー」は対面して戦っていることになります。どちらが優勢、劣勢だったのかはわかりません。どちらもゴルゴサウルスですから、最強の恐竜同士です。

この化石以外にも、大型の肉食恐竜たちは、顔を目がけて襲っていた痕跡があります。その理由として考えられるのは、「身内ゲンカ」です。集団行動をしていた大型の肉食恐竜は、戦う理由はたくさんあったのです。ボスを決めるため、パートナーの取り合いのため、縄張り争いのために格闘していました。シナリオ1と2の場合、「ジェイソン」の犯行の動機は、これらのどれかである可能性が高いです。現生のワニ類や鳥類では、死に至るほどの争いをします。「ジェイソン」も「殺意」を丸出しにして、「アニー」に襲いかかったのでしょう。

それでは、第3のシナリオはどうでしょうか。「アニー」はすでに死んでいます。つまり、「身内ゲンカ」をする必要がないのです。「ジェイソン」は、仲間を見つけたというよりも、「餌を見つけた」と言わんばかりに、「アニー」の死肉を漁ったことになります。いわゆる共食いです。かつて同じ仲間だったものでも、死んでしまえばただの「餌」となってしまうのが生きものの世界なのです。

ティラノサウルスは共食いをしたのか？

次の論文のタイトルは、まさに『ティラノサウルス・レックスの共食い』です。

私も恐竜化石を数多く発掘していますが、ごくたまに肉食恐竜の噛み跡がついた骨を見つけることがあります。とはいえ、ごく稀にです。

この研究は、北アメリカの博物館にある、恐竜時代の最後の時代の地層から発見された恐竜化石をくまなく観察し、ティラノサウルスの共食いについて言及したものです。

この研究では、ティラノサウルスの仲間ではティラノサウルス・レックスしか生きていなかった白亜紀末の時代の化石だけに限定してみたところ、17個の恐竜の骨化石に、ティラノサウルスの噛み跡が残っていました。しかも、17個のうち4つがティラノサウルスの骨だったのです。4分の1くらいがティラノサウルスのものだったというのは驚きです。4つのうち、3つが大人になっていない亜成体のティラノサウルスの骨で、一つだけ大人の可能性がありました。これらの骨には、どのような噛み跡がついていたのか観察してみましょう。

まず1つ目。足の指の骨です。長さ30センチほど、幅が10センチほどの大きな骨です。この骨の両端には、長さ5センチほどの深く大きな溝が無数についています。

次の骨も足の指の骨です。この骨は、ごく一部しか残っていませんが、それでも20センチくらいある骨です。この骨にも深く大きな傷がついています。いちばん大きい傷は、幅4ミリほどで長さが7センチもあります。

3つ目は、前あしの骨(上腕骨)です。そこにもたくさんの溝がつけられていて、大きいもので幅3ミリ、長さ4センチほどです。

最後は、足の甲の骨(中足骨)です。4つの中でいちばん大きな骨で、50センチほどはあります。これは、大人のティラノサウルスの骨です。この骨には2つの噛み跡が残っています。大きいもので幅が4ミリ、長さが4センチほどです。

さて、これらの証拠は私たちに何を物語ってくれているのでしょうか？　この証拠で鍵になる情報は、「足の骨」「執拗なほどの無数の噛み跡」「骨の両端」「治癒した痕がない」でしょうか。どのようなシナリオがあるか考えてみましょう。考えられるのは、「格闘」と「共食い」の2つです。

ティラノサウルス同士の格闘？

この前の論文でも紹介しましたが、「身内ゲンカ」のために格闘することはよくあります。彼らの喧嘩は、襲われたら襲い返す。命をかけた戦いです。

静岡県に熱川バナナワニ園というところがあります。そこにはたくさんのワニが飼われていて、ワニ好きには最高の遊び場です。あっちを見てもこっちを見ても、ワニばかり。ワニを観察すると、指がもげたワニが、普通に生きています。ヒトで想像すると恐ろしいですが、ワニは何事もなかったかのように生活をしています。縄張り争いやパートナーの取り合いで、激しい戦いをし、その結果、体の一部が無くなってしまうのです。

ティラノサウルスの骨の傷も、同じように格闘をした証拠でしょうか。この論文では、「格闘」を否定しています。その理由は、「足の骨」「執拗なほどの無数の噛み跡」「骨の両端」の3つです。本来、命をかけて戦うのであれば、致命傷をあたえるために傷を負いやすい場所を選ぶというのが理由です。手や足では、多少の傷をつけられるけど、それよりも致命的な傷をあたえるのは、頭やお腹だというのです。今回の4つの骨はいずれも足の骨です。

そして、無数の噛み跡と骨の両端に噛み跡がある。これこそティラノサウルスが格闘ではなく共食いをしていた証拠ではないのかと考えられます。私がワニ園で見たように、ティラノサウルスの格闘で、手や足を攻撃することはあると思います。ただ、その攻撃した手足の骨を何度も噛んだり、両端を何度も噛むのはおかしいですよね。

みなさんも、骨付きカルビやスペアリブを食べるときに、骨にこびりついた肉を一生懸命、歯でこそいで食べますよね。骨の周りの薄い膜のようなスジを食べるには何度も骨を噛むと思います。骨に、無数の傷跡があり、しかも骨の両方の端に歯型がついているのは、私たちがスペアリブを食べるときと同じように、ティラノサウルスがかぶりついた痕なのでしょう。つまり、ティラノサウルスは、共食いをしたという証拠なのです。

実際、大型肉食の動物の共食いはよくあることです。クマやハイエナ、コモドドラゴンにワニ、クーガーやヒョウなどでも観察されます。ティラノサウルスが共食いをしていてもおかしくはありません。

ティラノサウルスの食の好み

さて、ここでこの論文は終わってしまうのですが、個人的に面白いと思ったことがあります。まずは、植物食の恐竜との比率です。17個の化石のうち4つもティラノサウルスの骨だというのは面白いですね。まあ、数が少ないのではっきり言えるかどうかはわかりませんが、全体の4分の1ほどとなり、かなり高い割合です。ティラノサウルスは共食いしていたというだけでなく、むしろ、好んで共食いをしていた可能性もあります。または、共食いをしなければいけないような状況があったのかもしれない、などと想像がふくらみます。

他の骨も見てみましょう。まずは、テスケロサウルス。これは、鳥盤類の小型の植物食恐竜で、全長2~4メートル。これだけ小さければ、かなりすばしっこかったはずです。捕まえるのも大変だったかもしれません。

最後に、角竜類とハドロサウルス科の比率です。17個のうち6個と5個なので、ほぼ同じ。トリケラトプスなどの角竜類は、名前の通り、頭に角があって反撃の恐れがあります。それにフリルもあるので、食べにくそうですよね。それに比べハドロサウルス科は、反撃する武器もないし、襲いやすそうだと思うのは私だけでしょうか。それでも、同じ比率ということは、ティラノサウルスの好みが反映されているのかもしれません。

顔への噛みつき

最後の論文は、カナダのケラブ・ブラウンらによる『ティラノサウルス科に残された種内間の顔への噛みつき痕が性成熟と鳥類のような異性間のディスプレイの進化を理解する手がかりとなる』です。

この研究は、あらゆるティラノサウルス科(アルバートサウルス、ダスプレトサウルス、ゴルゴサウルス、タルボサウルス、タナトテリステス、ティラノサウルス)の頭骨についている傷を調べ上げ、その理由について考察しています。全部で528個の骨を観察したところ、122個の骨に324の傷の痕が見られました。その中でも、とくに上顎の最も大きな骨である上顎骨と、下顎の最大の骨である歯骨の2つに1つは傷がついていました。

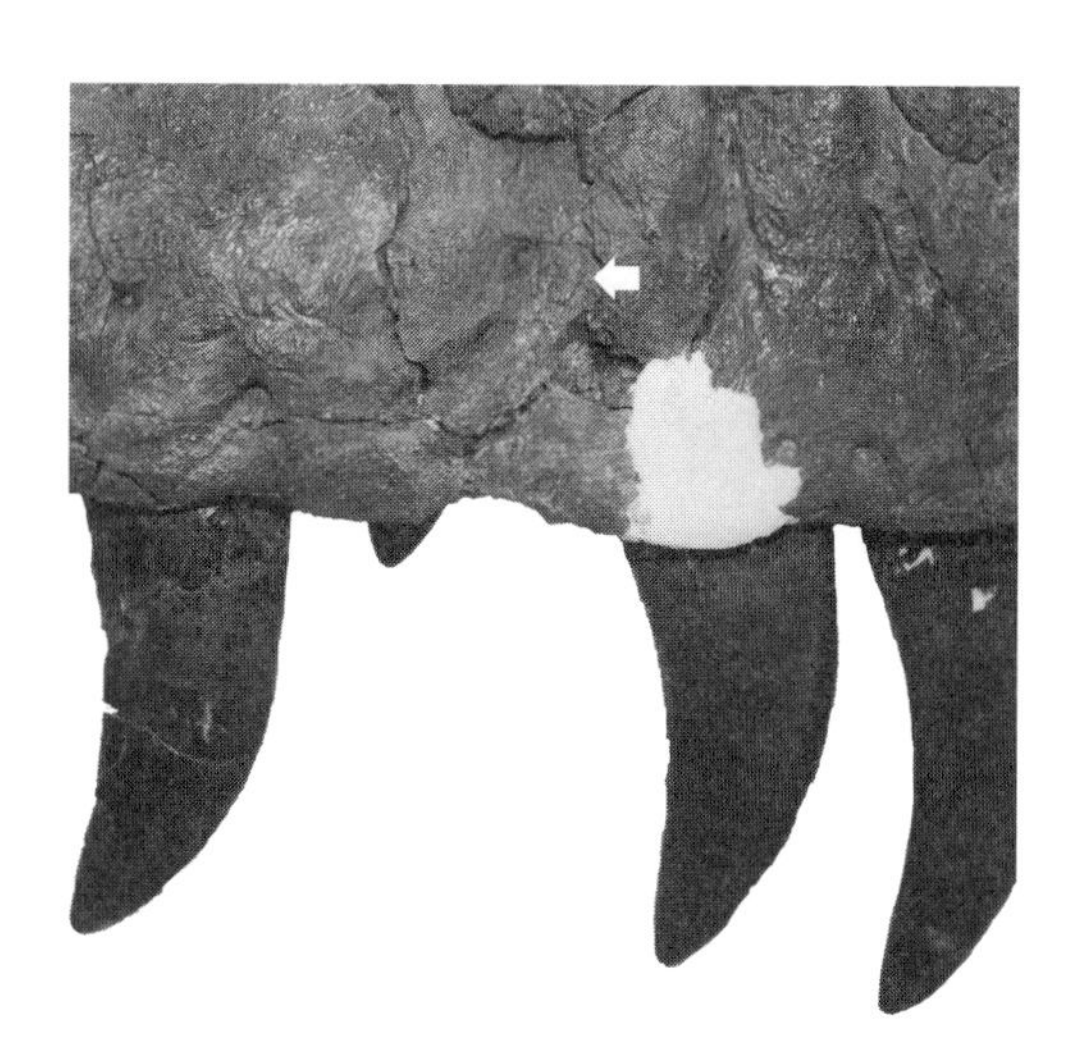

図55　ダスプレトサウルスの上顎骨につけられた噛み跡（上）ダスプレトサウルスの上顎上部につけられた噛み跡（下）　Photo : David W. E. Hone提供

傷がついている上顎骨には、平均4つ程度の傷があり、歯骨には平均2・5個の傷がついていたのです。傷の形は丸いものと長細いものがあり、それらの大きさはまちまちで、小さいものでは3ミリしかなく、大きいものは17センチもありました。丸い傷は骨の面が上や下を向いているものに多くつけられ、長細い傷は骨の面が横向きのものに多くついていました。

面白いことに、傷の数と恐竜の大きさに関係が見られました。この研究では、大きさの指標として、上顎や下顎の骨の歯の生えている部分の全体の長さ(人間でいうと、前歯から奥歯までの長さで、歯槽全体の長さと表現)を使っており、その長さは、14センチから57センチの範囲がありました。

歯槽全体の長さが、21センチまでの亜成体の小さい個体には傷が見られませんが、それよりも大きい、成体の半分くらいの大きさで急激な成長を終えつつある、年齢でいうと6歳くらいになる個体に傷がつけられているのです。しかも、大きくなるにつれて傷の数が増えていき、40センチで最大値に達します。その後、47センチくらいまで多くの数が確認され、その後は減っていきます。

成体のティラノサウルス類の半分より少し多い6割くらいが同種間で喧嘩をして怪我をした形跡が残っているという驚きの結果でした。しかも、襲われたほうと襲ったほうの体の大きさは同じくらいだということもわかり、同じ世代同士が喧嘩していたということまでわかってきました。傷の多くは、鼻先の骨(前上顎骨や鼻骨)ではなく、少し後ろの上顎骨や歯骨の中央部分なので、喧嘩をするときは、フェンシングのように突きながら鼻先を攻撃したのではなく、頬をつけ相手の様子を見て、チャンスがあれば嚙みついた可能性があります。しかも、その傷の多くは、治癒した痕があり、嚙み殺されるような致命的な怪我でもありませんでした。

オス同士の争い?

子供のときには喧嘩をせず、大人になると喧嘩好きになった理由はなんだったのでしょうか? 成長とともに嚙み跡といった怪我が増えるというのは、イグアナ類のヒガシウォータードラゴン、カメ類のカミツキガメ、鳥類のオジロワシ、陸棲哺乳類のホッキョクグマ、海棲哺乳類のイッカクなど、現在生きている動物たちにも見られることだそうです。成長にともなう争いに、求愛の儀式、集団の中での支配の誇示、そして縄張り争いといったものがあります。

このような争いは、メスではなくオスの役割が多いこともわかっており、ティラノサウルス類よりも原始的なワニ類でも、進化した鳥類でも同じことが知られています。そう考えると、成体のティラノサウルス類の6割に傷があり、残りの4割に傷がないという割合は、オスとメスの割合を表しているのかもしれません。

争いの進化

さらに著者らは、ティラノサウルス類だけではなく、獣脚類全体の頭骨の傷を調べてみました。すると、原始的な恐竜であるヘレラサウルス、アロサウルス科やカルカロドントサウルス科にも傷が見られました。そのいっぽうで、前あしに翼を持っていたと考えられる獣脚類のトロオドン科になると傷は小さな傷が1つあるだけでした。これは、同種間での主張のしかたが、翼の獲得により、噛み合う原始的な方法から、翼でアピールする方法へと進化した可能性を示しています。言いかえると、ティラノサウルス類の前あしには大きな翼はなく、噛み合うことで「交流」をおこない、最強頂上決定戦をしていたということになるのでしょう。

第8章 ティラノサウルスの住処

白亜紀の世界を旅してみたら……

仮の話ですが、タイムトラベルができるとしましょう。そして、旅の行く先は、ララミディア大陸の北部、現在のアメリカ・モンタナ州かカナダのアルバータ州、7000万年前にセットしました。十分な武器を持って、「リアル・ジュラシック・パーク」に出かけます。7000万年前は、ジュラシック(ジュラ紀)じゃなくて、クレテーシャス(白亜紀)なので、正確には「クレテーシャス・パーク」となります。

ララミディア大陸の平野にやってきました。目の前には、西の山から流れ出す川があります。大きな川です。東に向かって流れるその川は、西部内陸海路に流れ出ているのでしょう。ひとまず、その川に沿って歩いてみましょう。すると、川はゆっくりと右に方向を変えています。もう少し先を見ると、今度は左へと方向を変えています。まるで蛇がクネクネとうねっている姿に似ています。これを蛇行河川と言います。白亜紀ののどかな風景が広がっています。

川の近くにいたハドロサウルス科とケラトプス科

このような場所に、どのような恐竜がどれくらい棲んでいたかという研究があるので紹介しましょう。それは、2010年に発表された論文で、『北米の白亜紀末の恐竜に見られる生態の棲み分け』です。ヘルクリーク層を覚えているでしょうか。アメリカのモンタナ州で見られる白亜紀末(マーストリヒチアン期)の地層です。この研究は、このヘルクリーク層とそれと同じ時代の地層から出てきた化石を対象に調査をしたものです。

北から、まずはカナダの地層です。アルバータ州のスコラード層、同じくアルバータ州のウィロウクリーク層、サスカチュワン州のフレンチマン層。そしてアメリカのモンタナ州周辺(ノースダコタ州とサウスダコタ州)のヘルクリーク層、そしてニューメキシコ州のマクラエ層、ワイオミング州のランス層、コロラド州のデンバー層、これらはすべてグレートプレーンズに露出しています。北アメリカ大陸には、こんなにも広くにわたって、白亜紀末の地層が出ているのです。

これらの地層から見つかった、343個の化石を対象に、泥岩から見つかったもの、砂岩から見つかったものと分けて分析しました。川に関係する堆積物は砂岩、川から離れた氾濫原に関係する堆積物は泥岩として、恐竜の種類と数を比較しました。簡単にいうと、砂岩から出てきた恐竜は川の近くに棲んでいて、泥岩から出てきた恐竜は川から離れたところに棲んでいたということです。すると、このようになりました。

・川の近く

1位　ハドロサウルス科　39％
2位　ケラトプス科　29％
3位　ティラノサウルス科　13％
4位　テスケロサウルス科　9％
5位　パキケファロサウルス科　3％
6位　オルニトミムス科　2％
その他　5％

・川から離れた氾濫原

1位　ケラトプス科　70％
2位　ティラノサウルス科　13％
3位　オルニトミムス科　4％

4位　ハドロサウルス科　３％
5位　パキケファロサウルス科　３％
6位　テスケロサウルス科　１％
その他　５％

これらの数字を比較するだけで面白いことがわかります。まず、川の近くでは、ハドロサウルス科とケラトプス科に出会う可能性が高いということです。どちらかといえば、ハドロサウルス科のほうが多いですが、差は10％くらいです。それと、テスケロサウルス科も、川の近くに好んで棲んでいた可能性が高いです。川の近くでも9％なので、レアキャラなのはまちがいありませんが、探すなら川の近くで探したほうが確率は高いでしょう。

そして、川から離れていくと、圧倒的にケラトプス科が多くなります。そのいっぽうで、ハドロサウルス科は、ほとんど見られません。他のレアキャラに、パキケファロサウルス科とオルニトミムス科。超レアキャラは、「その他」にふくまれる恐竜で、レプトケラトプス科、アンキロサウルス科、カエナグナトス科です。これらの恐竜に出会うのは、川の近くであろうが、氾濫原であろうが大変そうです。この研究では、大型の植物食恐竜であるハドロサウルス科とケラトプス科が棲み分けをしていたのではないかという面白い仮説です。

そして、最後にティラノサウルス科。どちらのエリアでも13％。ティラノサウルス科には、川の近くとか遠くとかの好みはなく、餌があるところならどこにでも出現していたということがわかります。もし、ハドロサウルス科かケラトプス科のどちらかを餌として好んでいれば、ティラノサウルス科の割合も変わったかもしれません。しかし、数字が一緒ということは、ティラノサウルス科は、どちらも食べていたということです。あと、個人的に印象的なのは、13％という割合の大きさです。計算が単純すぎるかもしれませんが、8回に1回の割合でティラノサウルス科に当たるということです。さらに2013年に発表された他の研究によると、ワイオミング州のランス層から発見されている化石から、ティラノサウルス科は、海岸近くにも内陸にも棲んでいたことがわかっています。この論文で示しているティラノサウルス科とは、ティラノサウルス・レックスですから、どこにいても、ティラノサウルスに遭遇する可能性があったわけです。

そういうわけで、「クレテーシャス・パーク」に旅行の際は、エドモントサウルスとトリケラトプスを見るコースなら川の近くを探索してみましょう。トリケラトプスに囲まれたいなら、川から離れた氾濫原を歩いてみてください。あるいは、レアキャラを探すのもよし、超レアキャラを見つけるのもよしです。ただし、ティラノサウルスはどこにでも出没しますので、気をつけてくださいね。

ティラノサウルスの住処はどこ?

ティラノサウルスに会いたければ、ララミディア大陸の東岸。しかも、カナダの南からニューメキシコ州まで、直線距離にして約2000キロの範囲になります。日本でいうと札幌市から奄美大島くらいまでの距離。現在の緯度でいうと、北海道よりさらに北にある樺太(サハリン)の真ん中くらいから、博多の南くらいまで。かなり広い範囲に棲んでいたことがわかります。

もっと南にはいなかったのでしょうか? 2014年に論文で、ティラノサウルスのより広い生息域について議論されています。それは、私の第二の故郷でもあるテキサス州での可能性です。テキサス州の西端はくさび状に伸びていて、その南部分にビッグ・ベンド国立公園があります。テキサス州を舞台にした映画がよくありますが、テキサス州がメキシコとの国境になるため、たいていの場合、メキシコと行ったり来たりする場面が使われます。リオ・グランデ川を国境としているので、国境が複雑な形をしています。

さて、映画でよく使われる町が2つあります。一つはリオ・グランデ川の上流で、くさび状の部分の尖ったところにある、エルパソという国境の町。もう一つは、川の下流域で、サンアントニオから35号線で250キロほど南にある国境の町ラレドです。ビッグ・ベンド国立公園は、この2つの町のちょうど中間くらいにあって、テキサス州とメキシコのチワワ州とコアウイラ州にまたがって広がっています。

　この公園には、ジャベリナ層という白亜紀末(マーストリヒチアン期)の地層があります。この地層から、大きな尻尾の骨(尾椎骨)1つが発見されました。これまでも、上顎骨が発見されていましたが、それは決して大きくはなく、ティラノサウルスかどうかは疑問視されていました。それ以外にも、研究はされていませんが、大きなあしの骨も発見されており、ティラノサウルスの仲間がいたようだということはわかっていたのです。

　そんななかで、今回発見された尻尾の骨は大きさが15センチを超え、ティラノサウルス級の大きさだったのです。この時代の北アメリカには、ティラノサウルス・レックスしかいませんでした。このテキサスの化石が、ティラノサウルス・レックスがどうかは確定できませんが、その可能性が高いと、この論文では考えたのです。もし、テキサス州にもティラノサウルス・レックスが棲んでいたとすると、生息範囲はさらに広がり、直線距離で2200キロ！　にもなります。これは、札幌市から那覇市くらいまでの距離。緯度でいうと奄美大島くらいまで南に棲んでいたことになります。

　現在の樺太から奄美大島まで生息している動物を見ると、北と南ではまったく異なります。ティラノサウルス・レックスの時代はどうだったのでしょうか？　ティラノサウルスの見つかった地層ごとにどんな大型の植物食恐竜が棲んでいたのか見てみましょう。

カナダ／アルバータ州のスコラード層・ウィロウクリーク層とサスカチュワン州のフレンチマン層（樺太くらいの緯度）

・エドモントサウルス
・トリケラトプス
・アンキロサウルス

アメリカ／モンタナ州・ノースダコタ州・サウスダコタ州のヘルクリーク層（北海道稚内より北くらいの緯度）

・エドモントサウルス
・トリケラトプス
・アンキロサウルス

ワイオミング州のランス層（北海道旭川市くらいの緯度）

・エドモントサウルス
・トリケラトプス

・アンキロサウルス
・デンバーサウルス

コロラド州のデンバー層(盛岡市くらいの緯度)
・エドモントサウルス
・トリケラトプス

ユタ州のノース・ホーン層(盛岡市くらいの緯度)
・トロサウルス(トリケラトプス)
・アラモサウルス

ニューメキシコ州のマクラエ層(福岡市くらいの緯度)
・トロサウルス(トリケラトプス)
・アラモサウルス

テキサス州のジャベリナ層(奄美大島くらいの緯度)

・トロサウルス(トリケラトプス)
・アラモサウルス
・クリトサウルス

ティラノサウルス・レックスが棲んでいた南北の範囲の広さに驚かされますが、トリケラトプス(またはトロサウルス)も同様に南北に棲んでいたのには驚きです。いっぽうで、エドモントサウルスは、コロラド州のデンバー層(盛岡市くらいの緯度)でいなくなり、かわりにアラモサウルスとバトンタッチしています。それ以南は、アラモサウルスが登場し、テキサス州になるとエドモントサウルスの親戚のクリトサウルスが登場します。北と南では、ティラノサウルス・レックスを取り巻く獲物となる恐竜たちの布陣が変化しているのがわかります。

今度は、カナダのアルバータ州より北に行ってみましょう。ティラノサウルス・レックスの時代の地層が出ているのは、北の果てのアラスカ州です。アラスカ州のプリンスクリーク層から発見されているナヌクサウルスは、前に紹介しました。この地層から出ている大型の植物食恐竜は、パキリノサウルスとエドモントサウルスです。ティラノサウルスやトリケラトプスは、北極圏という厳しい環境に適応し棲むことは難しかったようですが、エドモントサウルスは、寒さに強かったのか、アラスカ州にまで生活圏を広げていました。

トリケラトプスにかわって登場したパキリノサウルスですが、この恐竜は、カナダのアルバータ州に棲んでいた恐竜です。ただし、ティラノサウルスの時代ではなく、それよりもほんの少し古い時代(約7350万年前~約7100万年前)でした。ティラノサウルス時代には、トリケラトプスがとって代わってしまったのですが、北に逃げたパキリノサウルスは生き延びて、白亜紀末までいたようです。

アジアではどこに棲んでいたのか?

次は、アラスカ州からベーリング陸橋(当時は陸続きだったので海峡ではなく陸橋)を通ってアジアに渡ってみましょう。北アメリカのティラノサウルスの世界では、エドモントサウルスとトリケラトプスが脇役でしたが、アジアではどうだったのでしょうか? アジアの同時代の地層で有名なのは、大陸内部のモンゴルに広がるネメグト層(北海道くらいの緯度)です。ここには、ティラノサウルスと肩を並べるティラノ軍団スターである、タルボサウルスが棲んでいました。大陸はちがえども、同じような巨大で凶暴な恐竜が生態系のトップを支配していたのです。このネメグト層から発見されている大型の植物食恐竜は次の通りです。

・サウロロフス
・ネメグトサウルス
・テリジノサウルス
・デイノケイルス

まず、鳥脚類では、ララミディア大陸の北部のエドモントサウルスにかわって、サウロロフスが棲んでいたことがわかります。竜脚類としては、南部にいたアラモサウルスのかわりに、ネメグトサウルスが棲んでいました。いっぽうで、トリケラトプスやパキリノサウルスといった大型のケラトプス科がいません。そのかわりに、非常に変わった恐竜がいます。テリジノサウルスとデイノケイルスです。同じ、ティラノサウルスの時代といっても、北アメリカとアジアでは、まったく異なった風景が広がっていたことがわかります。

このアジア大陸の内陸部から海岸線に移動するとどんな恐竜がいるのでしょう。ここで登場するのが、我ら日本が誇る恐竜「カムイサウルス」です。このカムイサウルス、なんとエドモントサウルスの親戚なのです。エドモントサウルスは、ララミディア大陸では南北に広い分布をしていました。北はアラスカ州まで来ており、アジア大陸まであと少しのところまで来ていました。なぜかベーリング陸橋を渡って、アジアまではたどり着けなかったのですが、その親戚であるカムイサウルスの仲間が、アジアにまで渡ってきていました。

というと、誤解があるといけないので、もう少し正確に説明します。カムイサウルスの親戚には、北アメリカのエドモントサウルス、中国のシャントンゴサウルスとライヤンゴサウルス、ロシアのケルベロサウルスがいました。この仲間を総称して「エドモントサウルス族」と呼びます。彼らの祖先は、ララミディア大陸の海の近くに出現し、ララミディア大陸とアジア大陸に広く分布したようです。その後、エドモントサウルスが北アメリカに出現し、アジア勢は、内陸ではなく海岸に近い環境で、独自に進化したようです。そのなかで、カムイサウルスが誕生しました。

アジアのタルボサウルス

アジア大陸の内陸には、ティラノサウルス・レックスに相当するタルボサウルスがいました。いっぽうで、エドモントサウルスのかわりにサウロロフス。内陸から海岸に向かって移動すると、サウロロフスではなくカムイサウルスにかわりました。

では、カムイサウルスが棲んでいたアジア大陸の東岸の海岸線にはタルボサウルスがいたのでしょうか？　答えは「大型のティラノサウルスの仲間がいた」というところでしょうか。

ララミディア大陸のティラノサウルス・レックスの生息域の広さを見れば一目瞭然です。北から南、内陸から海岸近く、川の近くから遠くの氾濫原、どこでも棲むことができました。言いかえると、獲物がいるところなら、ティラノサウルスやタルボサウルスといった、最強で最恐のティラノ軍団スターメンバーはどこにでもあらわれたはずです。日本のティラノサウルス時代の地層に、ティラノサウルス級のスターメンバーの化石はまちがいなく眠っているはずです。

25億頭のティラノサウルス？

２０２１年に発表されたカリフォルニア大学のチャールズ・マーシャルらの研究では、北アメリカにどのくらいの数のティラノサウルスが棲んでいたかを計算しています。その結果は、後の研究で批判を受けていますが、非常に面白い試みです。マーシャルらの計算によると、１００平方キロメートルに1頭程度の割合で生活しており、生活していた総面積は、２３０万平方キロメートルの広さだとしました。つまり、ティラノサウルスは常時２万頭くらい存在していたと考えたのです。さらに、ティラノサウルスが棲んでいた期間全部で考えると、のべ25億頭いたのではないかと計算しました。

この数字の信頼性は低いかもしれませんが、もしこれが本当なら、東京都23区の面積に6

頭、大阪市には2頭、札幌市には10頭のティラノサウルスが棲んでいた計算になります。日本全体くらいの面積では、３８００頭程度と計算できます。

札幌に住んでいる私にすると、あの広さに10頭というのは、よい状態の化石を見つけるのは至難の技です。３８００頭いたとしても、日本からティラノサウルススター軍団の化石を見つけるのはかなり難しいことだとも感じます。

第9章 ティラノサウルスの来日

日本にもティラノサウルスはいたのか？

「ティラノサウルス・レックスは日本に棲んでいたのですか？」または「ティラノサウルス・レックスの化石は日本から見つかるのですか？」という質問を受けることがあります。

答えから言うと、その可能性は限りなく少ないです。先に紹介しましたが、ティラノサウルス類のストケソサウルスは、北アメリカとイギリス（ジュラティラント）から発見されています。トルボサウルス（メガロサウルス科で全長10メートルほどの巨大な肉食恐竜）や、アロサウルス（アロサウルス科で全長10メートルほどの巨大な肉食恐竜）は、北アメリカとヨーロッパ（ポルトガル）の両方で見つかっています。それ以外にも、オルニトミムス科のチウパロン（カナダと中国）、ハドロサウルス科のサウロロフス（カナダとモンゴル）などが離れた地域から見つかっています。これらは同じ属が大陸を跨いで生息していた例です。たとえば、北アメリカにはアロサウルス・フラギリス（*Allosaurus fragilis*）、ヨーロッパにはアロサウルス・エウロパエウス（*Allosaurus europaeus*）が棲んでいたという具合です。属は同じでも、種としては異なったわけです。

しかし、属はともかく、種レベルで同種の恐竜が大陸を跨いで分布していることはほとんどありません。現在わかっている限りでは、同種の恐竜の地理的分布はあまり広くなく、局地的な分布をしているということです。

前章で紹介しましたが、北アメリカ大陸のティラノサウルスの分布の北限がカナダのアルバータ州のスコラード層とサスカチュワン州のフレンチマン層（樺太くらいの緯度）で、南限がテキサス州のジャベリナ層（奄美大島くらいの緯度）と、直線距離にして2200キロ程度です。先程は、「分布が広い」と表現しましたが、北の先にあるベーリング陸橋を渡ってアジア大陸に移動することもできませんでしたし、南アメリカ大陸にも移動することはできなかったのが実際のところです。

アジアにもティラノサウルスがいた？

当然、「単にまだ化石が発見されていないだけ」ということもあります。将来、ティラノサウルス・レックスが北アメリカ大陸の北限であるアラスカ州から発見されるかもしれないし、モンゴルや中国といったアジア大陸から発見されるかもしれません。南アメリカ大陸や南極大陸から発見される日がくるかもしれません。もし、そのようなことがあったら、世紀の大発見になるのはまちがいないでしょう。20年以上、世界中で恐竜化石調査をしている私も、「見つからないなんて決めつけないで、発見を目指して恐竜調査をしよう！」と気持ちを切り替えて、今後の調査を進めていきます。

ただ、現在は北アメリカ大陸以外からティラノサウルス・レックスはおろか、ティラノサウルスという属の化石も発見されていないのは事実です。「現在は」という言葉を使ったのは、かつてはアジアにはティラノサウルス属が棲んでいたと考えられていた時代があったのです。それは1940年代に遡ります。

1946年から1949年まで、ソ連(現・ロシア)はモンゴルと共同でゴビ砂漠の調査をおこないました。ソ連の古生物学者イワン・アントノビッチ・エフレーモフが率いる調査隊は、1946年5月5日に、ネメグトという恐竜化石産地に向けて、モンゴル南部にある町ダランザダガドを出発します。変わりやすい天候の中、なんとか5月8日にネメグトに到着します。そして、翌5月9日、彫刻や復元の専門家で調査隊の一員だったヤ・エム・エグロンが、巨大な肉食恐竜の全身骨格を発見するのです。5月9日は、ソ連の「戦勝記念日」であるため、彼らは歓喜にあふれました。この骨格を「エグロンの骨格」と名づけ、彼らは発掘を続けます。すると、全身があらわになり、後ろあしが体の下になった状態で骨格が横たわっていました。長さ20センチほどの歯が並び、1メートルを超える頭骨が現れました。この全身骨格は、全長10メートルを超え、モンゴル最大で最強の肉食恐竜であると確信したのです。

1955年になると、ソ連の古生物学者エフゲニー・マレーエフがこの巨大肉食恐竜に名前をつけます。その名は「ティラノサウルス・バタール」でした。ティラノサウルス・レックスではないものの、ティラノサウルスの仲間だと結論づけ論文を発表したのです。ティラノサウルスが、北アメリカ大陸からアジア大陸に移動し、アジアに存在したということを証明した研究でした。このとき、マレーエフは、同じ論文の中にネメグトから発見された恐竜には、他の獣脚類がいるということで「タルボサウルス・エフレモヴィ」や「ゴルゴサウルス・ノヴォジロヴィ」「ゴルゴサウルス・ランシナトール」という恐竜も命名しました。

しかし、ティラノサウルス属の存在は長く続きませんでした。10年後の1965年には同じソ連の古生物学者であるアナトリー・コンスタンティノヴィッチ・ロジェストヴェンスキーによって、マレーエフが名づけた3種類の恐竜は、単にタルボサウルスの異なった成長段階のものであり、「タルボサウルス・エフレモヴィ」「ゴルゴサウルス・ノヴォジロヴィ」「ゴルゴサウルス・ランシナトール」は、「タルボサウルス・バタール」であるとしたのです。つまり、アジアのティラノサウルス属は、この時点で消滅してしまいました。

ここで終わりかと思いきや、話は続きます。アメリカの研究者であるグレゴリー・ポール、ケネス・カーペンター、トーマス・カー、トーマス・ホルツは、1988年、1992年、1999年、2001年に発表したそれぞれの論文の中で、「タルボサウルスはティラノサウルスである可能性がある」と記しています。これらの研究によって、アジアのティラノサウルス属が復活しそうな気配も漂ったのですが、その後の研究により、現在は「ティラノサウルスではなくタルボサウルス」という考えが広く支持されています。

確かにティラノサウルス属は日本をふくむアジアにいなかったのかもしれませんが、タルボサウルスやズケンティラヌスのように、限りなくティラノサウルス属に近い巨大肉食恐竜が、白亜紀末のアジアに棲んでいたのはまちがいありません。最近まで、ティラノサウルス類の第一線の研究者の間でも、タルボサウルスはティラノサウルスだという議論がされていたくらいですから、タイムマシンで白亜紀末に戻って、タルボサウルスを目の前にしたら、ティラノサウルスとまったく見分けがつかないかもしれません。または、『ジュラシック・パーク』や『ジュラシック・ワールド』のように、恐竜を復活させることができる日が来て、恐竜動物園が建設されたら、檻に入ったティラノサウルスとタルボサウルスの区別がつく人はほとんどいないのではないでしょうか。

ティラノサウルス類は日本にもいた

「ティラノサウルス・レックスやティラノサウルス属」そのものは、日本にも、アジアにもいなかったことは、ご理解いただけたと思います。それでは、ティラノサウルス類はどうでしょうか？　類は、属や科よりも上の、より大きなくくりです。答えは「ティラノサウルス類は日本にも棲んでいた」となります。

いままで説明してきたように、ティラノサウルス類を仮に「ティラノ軍団」とした場合、その軍団は、進化の程度によって「一軍」「二軍」「三軍」に分けることができます。三軍のメンバーは、プロケラトサウルス科と呼ばれ、キレスクス(ロシア中部)、グアンロング(中国西部)、プロケラトサウルス(イギリス)、シノティラヌス(中国東北部・遼寧省)などといったものがいます。

三軍よりは進化しているものの、まだまだ「一軍」までは遠い過程にあるものが「二軍」。三軍のメンバーが絶滅し、長い時間をかけて「一軍」への道を目指していった恐竜たちです。ディロング(中国東北部)、エオティラヌス(イギリス)、ストケソサウルス(アメリカ西部)、ジュラティラント(イギリス)、シオングアンロング(中国西部)、ドリプトサウルス(アメリカ東部)、アパラチオサウルス(アメリカ東部)、ビスタヒエヴェルソル(アメリカ南西部)などといった恐竜たちです。

そして、巨大化した進化型の「一軍」。「一軍」は、ティラノサウルス(カナダ西部とアメリカ西部)、タルボサウルス(モンゴル南部)、ズケンティラヌス(中国)、ダスプレトサウルス(アメリカ北西部とカナダ西部)、アリオラムス(モンゴル南部)、アルバートサウルス(カナダ西部)、ゴルゴサウルス(アメリカ西部とカナダ西部)などといったものがいます。これらの一軍メンバーは、「ティラノサウルス科」と呼ばれています。さらにその中で、スター軍団が、ティラノサウルス、タルボサウルス、ズケンティラヌスです。

時代を追ってみると、三軍があらわれたのがジュラ紀中期バトニアン期(約1億6830万年前〜約1億6610万年前)で、二軍メンバー誕生が、ジュラ紀後期(約1億5210万年前〜約1億4500万年前)でした。そして、一軍メンバーは、白亜紀後期カンパニアン期(約8360万年前〜約7210万年前)に誕生し、白亜紀の終わり(約6600万年前)に姿を消します。

これら、「一軍」「二軍」「三軍」のティラノサウルス類のうち、日本に棲んでいたのはどのメンバーだったのでしょうか?

白亜紀前期の日本の化石

日本の恐竜化石は、骨化石に限るとすべて白亜紀の地層から発見されています。ジュラ紀の恐竜の足跡化石が福島県南相馬市や長野県小谷村、山口県下関市から発見されていますが、三畳紀とジュラ紀の地層から恐竜の骨化石はいまのところ発見されていません。三軍メンバーのほとんどがジュラ紀の恐竜ですので、日本から発見されている化石の中には三軍メンバーはいなかったと考えることができます。白亜紀には、主に二軍と一軍メンバーが生息しており、日本に棲んでいたティラノサウルス類も、おそらく二軍か一軍メンバーだったと考えられます。

日本からティラノサウルス類の化石が最初に見つかったのは、1986年で、場所は福島県です。その後、1996年以降、日本全国の白亜紀の地層から、ティラノサウルス類らしい化石が発見されてきたのです。ティラノサウルス類の全身骨格が発見されれば、確認は簡単なのですが、日本から発見されるティラノサウルス類らしい化石は、すべて断片的なものなので、確認するのは困難なことです。そのため、これまで日本のティラノサウルス類の化石をもとに名前をつけることもできていません。

白亜紀前期のティラノサウルス類の化石は、石川県白山市、福井県大野市、兵庫県丹波市から発見されています。そして、白亜紀後期のティラノサウルス類は、北海道芦別市、福島県広野町、岩手県久慈市、長崎県長崎市、熊本県天草市と御船町から発見されています。これらの地理的分布を見てみると、白亜紀前期の化石が日本列島の真ん中あたりに位置し、白亜紀後期のものが北(北海道と東北)と南(九州)に集中していることがわかります。さて、これらの発見を一つずつ見ていきましょう。

まずは、石川県白山市。白山市は、金沢市の南に位置する自治体で、日本海から白山の麓まで広がる市です。その山岳地に位置する桑島という静かで景色の綺麗な場所が、恐竜の化石産地です。ここには、手取層群桑島層という白亜紀前期の地層が露出し、恐竜化石を多産するところです。北陸の恐竜化石産地というと、福井県勝山市を思い浮かべる人もいると思いますが、勝山市から北へ山を越えると、この桑島があります。勝山市の恐竜化石が見つかるある意味でのきっかけになったのも、この桑島の化石壁からの転石から発見された獣脚類の化石です。話がそれるので、簡単に説明すると、福井県鯖江市の中学生が、化石壁に訪れ、きらりと黒く光る石を拾います。家に帰った後、その石が割れて、そこから獣脚類の歯が出てくるのです。それを見た、福井県の学芸員が、桑島と同じ手取層群の地層が勝山市にあるので、調査に入ったところ、そこから恐竜の化石が見つかったというのがきっかけです。ちなみに、勝山市で初めて恐竜化石を見つける予備調査に、高校1年生の私も参加しており、その瞬間に立ち会っています。

話を戻して、この桑島からは、オヴィラプトロサウルス類らしい末節骨やドロマエオサウルス科の歯、竜脚類やイグアノドン類の歯が見つかっています。さらに、アルバロフォサウルス・ヤマグチオロウムという、鳥盤類の化石も見つかっている場所です。この場所から、ティラノサウルス類の歯が見つかりました。その大きさたった3・5ミリ。米粒くらいの小さな歯です。肉食恐竜の歯は、ナイフ状で鋭いものが多いですが、ティラノサウルス類の顎の前に生えている歯は、他の肉食恐竜とは異なり非常に特徴的です。「断面がD字形」をしていると私たちは表現します。国立科学博物館の真鍋真先生は、この特徴をもって、白山市の化石は、ティラノサウルス類のものであると判断しました。

さて、獣脚類の顎に歯がずらりと並んでいます。顎の後ろのほうは、先端が後ろに反ったナイフ状の鋭い歯がずらりと並んでいます。そして、その歯の前後には、鋸歯が発達し、それによって肉の繊維を切ることができるのです。それらの歯の断面は、左右に潰れた楕円の形をしています。そして、その楕円の長軸の両端には鋸歯が発達しているため、楕円だけども両端は

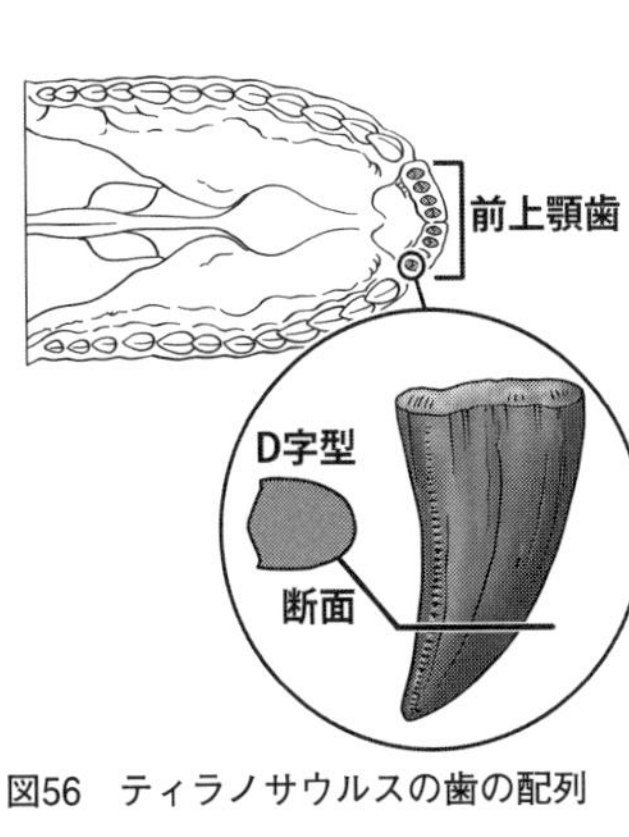

図56　ティラノサウルスの歯の配列

尖っている感じになります。

ティラノサウルス類の歯も同じようになっていますが、顎の中の歯の位置によって、断面が異なります。とくに、ティラノサウルスの顎の前の部分は、上から見るとU字状に広がっているため、そこに生えている歯に変化が起きています。顎の後ろの歯は、前後に扁平な楕円から、円に近い断面になりますが、顎の前にある歯の前後両端にあった鋸歯は、どちらも後ろに位置します。そのため、円というよりも、D字に近い形になるのです。この、鋸歯の後方への位置変化が、ティラノサウルス類の特徴なのです。これによって、「D字形の断面を持つ歯は、ティラノサウルス類のものである」といわれています。

したがって、白山市の歯は、大きさは小さいものの、ティラノサウルス類のものと考えられるのです。時代は白亜紀前期。この時代に棲んでいたティラノサウルス類は、小型のものがほとんどであり、これだけ小さいのもうなずけるのです。たとえば、白亜紀前期の二軍のメンバー、中国のディロングの顎の前の歯も断面が「D字形」をしており、大きさも1センチ弱です。そう考えると、この白山市の標本は、小型のティラノサウルス類の二軍メンバーが日本に棲んでいたという証拠なのかもしれません。

福井県のティラノサウルス類の化石は、勝山市ではなく、その隣に位置する大野市から発見されました。勝山市は石川県に隣接しますが、ティラノサウルス類の見つかった場所は、合併する前は和泉村と呼ばれたところで、岐阜県に隣接した場所です。ここから、白山市と同じように、大きさ11ミリの小さな歯が発見されます。これを研究した国立科学博物館の真鍋真先生は、D字形の断面という特徴から、この歯もまた、ティラノサウルス類の化石であると判断しました。真鍋先生は、白亜紀前期のティラノサウルス類のスペシャリストなのです。

そして、最後の兵庫県丹波市の篠山層群大山下層から発見された化石です。丹波市は、兵庫県の内陸部で京都府と接しています。丹波市といえば、巨大竜脚類タンバティタニス・アミキティアエで知られる場所ですが、兵庫県立人と自然の博物館の三枝春生先生らによって、ティラノサウルス類の化石が確認されました。14・4ミリの小さな歯が2点発見され、断面はD字形でした。ただ、いままで発見された他の歯とはちがいがあり、断面がD字形ではあるものの、鋸歯がありませんでした。三枝先生らは、鋸歯がないというのは、このティラノサウルス類がまだ大人になりきっていない子供である可能性があると考え、もしかしたら成長したらもっと大きなティラノサウルス類だったかもしれないと考えています。

これら、石川県、福井県、そして兵庫県の化石から言えることは、まず「日本の白亜紀前期にはティラノサウルス類が生息していたこと」そして「それらは小型のものである」ということです。これらからみると、当時の日本には、ティラノサウルス類の二軍が棲んでいたことになります。白亜紀前期には、フクイサウルス、フクイラプトル、フクイティタンなど福井県勝山市から発見されている恐竜がいくつかありますが、その中に小型のティラノサウルス類も共存していたような生態系が広がっていたというわけです。しかしながら、この時代のティラノサウルス類は、生態系のトップに君臨していたとは言い難く、どちらかというと他の大きな獣脚類と争うことなく、生態系の隙間で生活していたと考えられます。

日本に一軍メンバーはいたのか?

つぎに白亜紀後期を見てみましょう。ティラノサウルス類の一軍メンバーは、白亜紀後期の後半である約8360万年前以降にならないと誕生しません。その前までは、ティラノサウルス類の二軍メンバーが棲んでいたと考えることができます。これを念頭に置いて、北海道芦別市、福島県広野町、岩手県久慈市、長崎県長崎市、熊本県天草市と御船町から発見されているティラノサウルス類の化石を見ていきましょう。

まずは、福島県広野町。広野町は、福島県東部の浜通りにある町です。ここからティラノサウルス類かもしれない化石が報告されています。双葉層群足沢層というコニアシアン期(約8980万年前~約8630万年前)の地層からいくつかの恐竜化石が発見されました。恐竜が見つかる以前には、ワニ類の化石が見つかっていたこともあり、1986年から調査をおこなっていたそうです。そのとき、ハドロサウルス類の歯と脊椎骨が発見されました。さらに、獣脚類の脛の骨(脛骨)も発見され、ティラノサウルス類の可能性が考えられました。日本で最初のティラノサウルス類の化石ともいうことができますが、脛骨に「これぞティラノサウルス類の特徴!」というものが存在しないので、この化石が本当にティラノサウルス類かどうかは、追加研究をする必要があるかもしれません。

岩手県久慈市は、県北部に位置し、琥珀化石で有名なところです。民間で運営されている久慈琥珀博物館があり、日本では唯一の琥珀専門の博物館です。琥珀は恐竜時代のもので、中には昆虫など当時の生物がふくまれるものもあり、世界的に重要な琥珀産地です。

恐竜化石も発見されており、早稲田大学の平山廉先生が率いる調査チームによって、久慈層群玉川層という約9000万年前の地層から、恐竜以外にも、ワニ類やカメ類、サメ類など多くの化石が発見されています。そんななか、2018年に発掘体験会をおこなっていたところ、参加者が偶然大きさ9ミリの小さな前上顎歯を見つけます。それが、平山先生らによって、断面がD字形をしていることが確認され、ティラノサウルス類の歯であると同定されました。ちなみに、兵庫県丹波市の歯と同じように、この歯には鋸歯がありませんでした。その大きさから、全長は3メートルほどと推測されています。

熊本県は、恐竜産地のメッカの一つで、今でも多くの恐竜化石が発見され、私も注目している場所です。とくに御船町は、多種類の恐竜化石を産出しています。御船町は、熊本市の東に位置し、御船町恐竜博物館という立派な博物館が建っています。御船町からは、約9310万年前〜約8980万年前の地層から、メガロサウルス類、カルカロドントサウルス類、オルニトミモサウルス類、ドロマエオサウルス類、テリジノサウルス類といった多くの獣脚類以外にも、ハドロサウルス類やアンキロサウルス類、翼竜などが見つかっています。そのなかで、大きさが1センチに満たない断面がD字形の歯が見つかっており、ティラノサウルス類の存在が確認されていますが、この歯にも鋸歯がありませんでした。

熊本県には、もう1ヵ所ティラノサウルス類の産地がありますが、それを飛ばして、北海道芦別市の化石を紹介します。芦別市は、アンモナイトなどの化石産地として有名な三笠市に隣接しています。アマチュアの化石研究家が尻尾の椎体を見つけ、私の手元に届けられました。研究は、当時私の学生だった鈴木花さんがおこない、この化石がティラノサウルス類であることがわかったのです。大きさが、9センチ程度と比較的大きな脊椎でした。白亜紀前期の小型のものではなく、どちらかというと中型という表現が合うような、全長6〜7メートル程度

図57　ティラノサウルス類の尾椎(三笠市立博物館所蔵)

のティラノサウルス類の化石です。この化石が発見されたのは、コニアシアン期(約8980万年前〜約8630万年前)というティラノサウルス類が巨大化していく中で空白の時期として注目されている時代のものでした。椎体1個なのであまり踏み込んだことは言えませんが、日本の化石からも、ティラノサウルス類の巨大化の兆候がみられる貴重な発見となったのです。

一軍メンバーを見つけた?

さて、先程飛ばした熊本県のもう一つの産地は、天草市です。天草市は、主に上島と下島に広がっていますが、上島の南にある島、御所浦島から恐竜化石が見つかっています。島へは、船で移動しますが、非常に綺麗な景観の素晴らしい場所です。そのような場所から、恐竜化石が多数見つかっています。

もっとも、ティラノサウルス類の化石は、この御所浦島ではなく、下島の南西部の姫浦層群軍ケ浦層から発見されました。この地層の時代は、カンパニアン期中期で約8000万年前のものです。ここで大事なのは、時代です。先程紹介しましたが、一軍メンバーがあらわれるのは、白亜紀後期の後半である、カンパニアン期初め(約8360万年前)から白亜紀の終わり(約6600万年前)までです。天草市の化石は、ズバリ「一軍メンバーの時代」に当てはまります。天草市から発見された歯は、大きさが4センチあり、太さが2センチ程度と、比較的大きな歯でした。福井県立恐竜博物館は、これを一軍メンバーのティラノサウルス科と同定し、全長7メートルを超える恐竜だったと推定しました。

最後に、長崎県長崎市です。ここには、三ツ瀬層というカンパニアン期の地層が露出しています。この約8100万年前の地層から、ティラノサウルス類の歯が2個発見されました。そのうちの1つは保存がよく、大きさが8センチほどで、根元のサイズが4センチと3センチあり、非常に大きな歯です。福井県立恐竜博物館の宮田和周先生らは、これらを一軍メンバーであるティラノサウルス科のものと同定しました。しかも、一軍の中でもスターメンバーのタルボサウルスやズケンティラヌスに匹敵するサイズと推測しました。

熊本県天草市と長崎県長崎市のカンパニアン期の地層からようやく、ティラノサウルス科の化石が発見され、ティラノサウルス・レックスはいなかったにしても、一軍メンバーが日本に棲んでいた可能性を示唆する証拠が発見されはじめたのです。まだ、歯といった断片的なものでしかありませんが、今後の調査や発見によって、日本のティラノサウルス科の骨格が見つかり、新しい恐竜として名前がつく日が来るかもしれません。

スター軍団はどこにいる?

日本から、一軍のみならず、スター軍団を見つけるにはどうしたらいいでしょうか? アメリカのティラノサウルス・レックス、モンゴルのタルボサウルス・バタール。ティラノサウルス類のスター軍団は、恐竜時代の最後の時代であるマーストリヒチアン期に生息していました。スター軍団を見つけるには、この時代の地層を調査すればいいのです。なんと都合のいいことに、日本にはこのマーストリヒチアン期の地層が存在し、この時代の恐竜が発見されています。その恐竜とは、北海道むかわ町の蝦夷層群函淵(はこぶち)層で発見された「カムイサウルス・ジャポニクス」と、兵庫県洲本市の和泉層群北阿万(きたあま)層から発見された「ヤマトサウルス・イザナギイ」です。どちらも肉食のティラノサウルス類ではなく、植物食のハドロサウルス科の恐竜です。

これらの恐竜を知らない方のために簡単に説明すると、どちらも全長8メートルくらいと大きく、ハドロサウルス科という、植物食恐竜の中でもとくに植物を食べるのが上手な恐竜でした。

私たち人間をふくむ哺乳類には、「門歯」「犬歯」「小臼歯」「大臼歯」と形の異なった歯が生えています。これを「異歯性」と呼びます。形の異なる歯によって食べ物を処理する機能がちがい、口の中で物理的な消化をおこなう「口内消化」を可能とします。これによって、消化器官に食べ物を送り込む前に、食べ物を細かく刻み、消化効率をあげ、食べ物からなるべく多くの栄養分を吸収することができるようになるのです。門歯でついばみ、犬歯で貫き、奥歯(小臼歯と大臼歯)ですり潰します。すり潰す行為を「咀嚼(そしゃく)」といいます。哺乳類は、咀嚼ができることによって、効率的な口内消化を可能とし、他の動物たちとの生存競争に勝つことができました。

ハドロサウルス科は、哺乳類ではないので咀嚼はできなかったですが、門歯のかわりにクチバシを持ち、奥歯で植物繊維を擦り切ることができました。咀嚼に近い行動ができることによって、大成功をおさめた大型の植物食恐竜です。

「カムイサウルス」や「ヤマトサウルス」のように大きな肉を備えた植物食恐竜がいたら、それを狙う大型の肉食恐竜が日本にもいたことは容易に推測できます。この本でも紹介されているように、アメリカではティラノサウルスがエドモントサウルスの尻尾をかじっており、モンゴルではタルボサウルスがサウロロフスの前あしをかじっていました。エドモントサウルスもサウロロフスも、カムイサウルスやヤマトサウルスと同じハドロサウルス科です。日本のハドロサウルス科がティラノサウルス類のスター軍団の餌になっていた可能性は極めて高く、日本にもティラノサウルスやタルボサウルスのような巨大な肉食恐竜が棲んでいたのはまちがいありません。

あとはティラノサウルス類スター軍団の化石を日本から見つけるだけですが、そのためには、マーストリヒチアン期の地層が分布しているところを調査する必要があります。北海道むかわ町や兵庫県洲本市以外に、鹿児島県薩摩川内市の姫浦層群からもマーストリヒチアン期のハドロサウルス科の骨が見つかっています。こういった地層から、近い将来ティラノサウルス類スター軍団の化石が発見される可能性があります。

おわりに

2022年8月17日、私はアラスカ州にあるアニアクチャック国定天然記念物自然保護区の海岸に立っていました。オイスターキャッチャーと呼ばれるミヤコドリの鳴き声が響くなか、目の前の1メートルくらいの岩の表面には、30センチほどの獣脚類の足跡がついています。私は、三次元データにするためにあらゆる角度から写真を撮りました。この足跡は、ティラノサウルス類のもので20年を超える私の恐竜研究人生において、鍵になるものでした。私は、アジア大陸と北アメリカ大陸の恐竜の多様性と北極圏への恐竜の適応能力について注目して研究しています。それ以外には、恐竜がどのように鳥類へと進化していったのかを探っています。足元にあるたった一つの足跡化石ですが、私に多くのことを語りかけてくれます。

この足跡の存在は、北極圏にティラノサウルスの仲間が棲んでいたことを教えてくれます。私との時間の差は、7200万年間。この足跡は、ここから2000キロほど離れたノーススロープから発見されたナヌクサウルスのものである可能性があります。当時のアラスカ州は、現在とほぼ同じ位置にありました。いかに暖かい恐竜時代であっても、冬になれば雪も降るし、太陽が昇らない日が続きます。気候は、ちょうど札幌くらいだと想像してもらえればいいと思います。夏は悪くなかったでしょうが、冬になると餌も豊富にあったとは考えられず、ナヌクサウルスは、獲物を探すのに苦労したにちがいありません。体の小さかったナヌクサウルスにとって、獲物を襲うことも危険行為であり、そうかといって食べないと、この厳しい環境で生存はできません。長い旅をして北極圏にたどり着いたナヌクサウルスは、白い息を吐きながら「なぜこんなところに来てしまったのだろう」と思っていたのかもしれません。

この海岸からは、数多くのハドロサウルス科の足跡が発見されています。その恐竜は、おそらくエドモントサウルス。全長8メートルと大きな体をしており、ナヌクサウルスよりひと回り大きい恐竜です。エドモントサウルスは、カナダとアメリカの国境付近からアラスカ州まで広い生活分布域を持っており、世代を超えて、長い渡りをしていました。ティラノサウルス類は、エドモントサウルスといったハドロサウルス科を追いかけるように、北上し、ナヌクサウルスとして進化しました。

ティラノサウルス類は、アラスカにたどり着いても渡りをやめず、ハドロサウルス科とともにベーリング陸橋を通ってアジア大陸へと移動しました。アジア大陸に移動したハドロサウルス科は、さまざまな形へと進化し多様化していきます。北海道のカムイサウルス、兵庫県のヤマトサウルスもその一員です。いっぽうで、アジアに渡った巨大なティラノサウルス類は、タルボサウルスやアリオラムスといった恐竜へと進化していきました。足元にあるナヌクサウルスの足跡を見ると、そんな恐竜たちのダイナミックな地球規模の大移動が想像できます。

ティラノサウルス類の体に羽毛が生えていたかどうかという議論は今でも続いていますが、北極圏に棲んでいたナヌクサウルスにはおそらく羽毛が生えていたでしょう。典型的な爬虫類のようにウロコが体を覆っていたとしたら、北極圏の厳しい環境では生活できなかったはずです。冬になれば、雪原が広がり、食べ物も少ない「死の世界」。体を覆う羽毛によって、体温をある程度一定に保ち、この厳しい北極圏の冬を越すことができたのでしょう。この羽毛も、鳥類へと進化する過程で獲得できた「洋服」であり、ナヌクサウルスも爬虫類から鳥類への進化過程にある恐竜だということです。

アラスカ州で調査をすると、いつも思うことがあります。「どうやって恐竜たちは北極圏で生活できたのだろう」と。私たちが調査をするのは夏。それでも、夜になると雪が降ることがあります。昼間でも、雨に打たれながら調査を続ければ、体が動かなくなり低体温症の症状があらわれはじめます。『荒野へ』という小説や映画がありますが、アラスカ州の自然の中での生活は、大変厳しいものです。私たち研究者が調査をするときは、しっかりと防寒具を着ていますが、体ひとつで生活するには危険がともない、その厳しさに命を奪われることもあります。ティラノサウルス類は、冬眠するとは考えられていません。また、冬の厳しさを逃れるために南へ移動する能力もありませんでした。つまり、北極圏のティラノサウルス類は、厳しい冬を乗り越える必要があり、それを可能としていたのです。ティラノサウルス類をふくむ恐竜は、「哺乳類よりも劣った生命体」というイメージがどこかにありますが、アラスカで調査をしていると、実はそうではなく、哺乳類と同等かそれ以上の生存能力を持ったスーパー生命体だったことが実感できます。

約6600万年前に、直径10キロ程度の小天体がメキシコのユカタン半島に衝突します。この衝突によって、地球上の7割程度の生命が絶滅し、K／Pg境界の大量絶滅となります。衝突による火災、津波、酸の雨、そして長い冬。この一連の事変によって、生態系は崩壊し、恐竜たちは犠牲になったとされています。衝突までは楽園だった恐竜の世界。それが一瞬で終わりを迎えてしまったのです。ティラノサウルスやタルボサウルスといった、恐竜時代最後に世界を支配した巨大ティラノサウルス類も犠牲になりました。激しい気候の変化に耐えることができなかったのでしょう。

ただ、不思議なことがあります。本当に恐竜は小天体の衝突によって「瞬殺」されてしまったのでしょうか。小天体の衝突が、地球規模の災害をひきおこしたというのは納得できますが、地球は野球のボールのように表面が均一ではありません。山があり谷があり、川が流れ、海が広がります。ボールとはことなり、不均一の地形をしており、地域性の高い生態系の構造を持っていたはずです。衝突という災害によって、パンデミックな絶滅へのプレッシャーがあったと思いますが、小さな地域でパンデミックな災害から逃れた恐竜がいたかもしれません。

小天体の衝突によってひきおこされた環境変化は、かなり激しいものだったのでしょうが、北極圏という「死の世界」で生活できた恐竜がいたのもまちがいありません。足元にあるナヌクサウルスの足跡。こんな厳しい環境で越冬ができたこのスーパー恐竜でも、小天体の衝突による環境の変化に耐えられなかったのでしょうか？　ぬくぬくと育った低緯度の恐竜たちは、より脆弱だったため、環境変化に耐えられず「瞬殺」もあり得たかもしれません。

この本で紹介したように、そもそもティラノサウルスやその仲間たちはただの肉食恐竜でなく「超肉食恐竜」であり、恐竜の中でもあらゆる意味で優れていた動物でした。しかも、ナヌクサウルスのように極限環境でも生活ができました。完全に想像の域ではありますが、もしかしたら、ナヌクサウルスのような極限の環境に生きたスーパー恐竜たちは、衝突の起きた翌日、翌週、翌年、もしかしたら世代を超えて数百年、数千年とある程度生き延びることができたのかもしれません。細々と命を繋ぎ、次のチャンスを待っていたのかもしれません。残念なことに、小天体衝突後、恐竜世界復活はかないませんでしたが、そのかわり、鳥類へと進化した恐竜が世界を支配しました。小天体の衝突によって、ティラノサウルスが生き延びられなかったのは不本意だったかもしれませんが、そのおかげで鳥類という恐竜の新時代が始まったのです。

オイスターキャッチャーとナヌクサウルスの足跡。目の前には、7200万年間という時間の流れの中でのティラノサウルスの躍動的な進化を想像することができます。まだ多くの謎が残されているティラノサウルスの研究。私たち、現在の恐竜研究者から未来の研究者へとバトンを引き継いで、未解決のティラノサウルスの謎を解決してもらいたいと願います。この本の読者は、不完全燃焼な感覚があるかもしれません。その理由は、ティラノサウルスの研究はまだ始まったばかりであり、わからないことだらけだからです。私の研究者人生は、あと数十年しかありませんが、終わりがくるまでは、世界中を調査して新事実を明らかにしていきたいと思います。ただ、一人では限界があり、共同研究者、そして未来の研究者とともに、ティラノサウルスをはじめとする恐竜の研究を発展させていきたいと思っています。

これからのティラノサウルス研究

出席者　小林快次(北海道大学)、久保田克博(兵庫県立人と自然の博物館)、田中康平(筑波大学)、千葉謙太郎(岡山理科大学)

——今回は、恐竜の中でも人気があり、最も研究もされているティラノサウルスについて、最新の研究をまとめていただきました。まだまだ文章に書ききれなかったこともあると思いますので、正式には言えないことなどもふくめて、今日はお話しください。

小林：Tレックスは、注目度の高い恐竜なので、研究もかなりたくさんされていますが、やはり必要なのは標本。最近では「Dueling Dinosaurs」がありますけど、保存状態の良い標本が見つかれば、研究も進んでいきます。ティラノサウルスは、アメリカとカナダの国境付近で標本が多く見つかっていますが、もっと広い範囲、つまり南部とかもふくめて考えていくのも面白いと思います。南部でもティラノサウルスらしいものは断片でも結構出ているので、断片に重要な情報がふくまれていることもあるかもしれないですね。

ティラノサウルス類で考えると、標本が見つかるエリアは世界に広がってきます。僕らはアジア出身なので、タルボサウルス、アレクトロサウルス、アリオラムスなども対象になりますし、日本からも見つかっているので、そういうのを調査していきたいですね。

――見つけたい化石というと、二軍の失踪時代なんかは対象になるのですか？

小林：結局、対象としている時代が巨大化の鍵になる時代でもありますし、モンゴルやアラスカという調査地がそういう化石が見つかる可能性の高い場所ということもありますね。

◉ティラノサウルスの卵と繁殖

田中：僕はいま2つ興味があって、1つは繁殖行動ですね。ティラノサウルスはどのように卵を産んでいたのか、どう子育てしていたのか、全くわかっていないので興味があります。卵が見つかっていないので、結構難しいのですが、予測は立てています。

千葉：ティラノサウルスの卵はやわらかいの？

田中：ありえるといえばありえる。骨髄骨があったら、硬い殻の卵を産むって考えていいの？

千葉：現生種では、骨髄骨を持っているのって鳥類だけだけど、みんな硬い殻の卵を産むよね。だからといって、ぜったいそうだとも言いきれないけど。

田中：でも、僕は、ティラノも硬い卵を産んでてもいいんじゃないかと思っている。あと、骨盤がけっこう細くて、大きい卵を産めない構造をしてるんだよね。小さい卵をたくさん産んでいた可能性があります。

千葉：グレッグ(・ファンストン)の報告した小さいティラノとの関係は？

田中：ティラノサウルスの赤ちゃんかという化石が報告されていて、顎の骨の断片で、頭のサイズが10㎝くらい、全長が1ｍくらいではないかと推定されています。胚か、生まれたばかりの赤ちゃんかわかりませんけど。グレッグの報告では、巨大オヴィラプトル類の卵とおなじくらいでもおかしくないとされています。でも、そこまでいくと、大きすぎる気がする。

千葉：骨盤のサイズからすると、細長い卵ならありえるわけ？

田中：そうですね。ティラノの卵は、僕の推定では幅が10㎝、長さが18㎝くらいではないかと。グレッグの化石は、ちょっと成長した赤ちゃんではないかと思います。

――小さい卵ということは、たくさん産んでいたということですか？　生態系の頂点にいる生きものとしては、珍しくないですか？

田中：グレッグ・ファンストン博士のいうように、巨大オヴィラプトル類の卵くらいあったとしても、それでも、ティラノの大きさからすると、卵はまだ小さいんですよね。何十個も産める能力はあった。そうすると、子育てするよりも、たくさん産んで産みっぱなしだった可能性が高いんじゃないかと思いますね。大型動物としては珍しい戦略ですね。

千葉：でも、恐竜全体がそういう戦略といえば、そうだよね。

田中：あと、ティラノはツカツクリのように、植物でマウンドをつくって発酵熱で卵を温めていたんじゃないかと思っています。ティラノの仲間はアラスカにもいたので、太陽の放射熱はおそらくないし、地熱はありえるけど、どこでもできたという意味では植物の発酵熱の利用が考えられます。

小林：アラスカをベースに仮説を立ててるの？　アラスカもけっこう暖かいよ？

田中：太陽の放射熱を使う場合は、地表の温度が30℃くらいないと、卵を温められません。だから、自分で卵を温めない放射熱タイプは現在でも赤道付近にしかいませんし、ティラノは孵化までの期間が長くてその間ずっと30℃を保たなければいけないと考えると太陽の放射熱はけっこうきびしいと思います。

――南のほうにいたティラノはどうですか？

田中：もちろん、繁殖方法は一つではなかったかもしれないですよね。でも、北アメリカとアジアを行き来していたティラノサウルス類なら、発酵熱をつかっていたのは妥当かなと思います。

千葉：移動によって繁殖方法を変える種っていうのもいるの？

田中：現生のワニ類でも、同一種で繁殖方法がちがったりするので、そういうこともありえたかもしれませんね。ようは卵を温めるのに十分な熱が得られればよいので。ティラノの卵は見つかっていないので、現状は消去法でやっていくしかないけど、アラスカで小林先生に卵を見つけてほしいです。

小林：アラスカはこれからも調査は続けていくし、小さい足跡はもう見つけているけど、巨大な足跡も見つけたんだよね。ナヌクサウルスがドワーフか、成長過程かという議論もあって、私とかトニーはドワーフという立場なんだけど、大きな足跡もでてきてるから、いろんな可能性があるよね。

◉ヒストロジー（骨組織学）

千葉：僕は、恐竜の骨のがんの研究にかかわっていましたけど、ティラノの一軍は、ケガとか病気の治癒とか、満身創痍ですごいから、そういうのをヒストロジーもふくめてちゃんとやったら、面白い。顔の傷から生態を考える研究もあったけど、あるサイズに達したら傷が増えるのは、繁殖期とかと関係あるのかもしれないし、骨折もバンバンしてるし。ケガは他の恐竜でもあるけど、ティラノの場合、いたたまれなくなるほどひどい。

小林：これまでの世代の研究では、人間と比較して似てるから、がんっぽいよね、痛風っぽいよね、という感じでやってきたけど、もっと掘り下げて突き詰めていくといいよね。ただ似てるからだけでなく、より正確に調べていくと、新しいこともわかるかもしれないし、他の分野の研究にも役立つかもしれない。恐竜研究もそういう段階にきているんじゃないかな。あと、ティラノに関しても成長段階だったり、傷の研究だったり、それぞれに研究が深まってきたところで、そろそろバラバラな研究を統合して見ていく段階にきているような気もしますね。

千葉：あとは、個体数がもっと出てくるといいですよね。成長にしても、今の研究では個体差が見えてこない。大きいティラノと小さいティラノとか、わかれて調べていくと面白いのかなと思います。あとヒストロジーでメスがわかれば、メスを集めて調べるのもやってみたいですね。サンプルさえあれば、いろんな動物の傾向と比較しながら、うまく定量化してやると何か見えてくるかもしれませんね。体の大きさとか装飾の大きさとかで、これはメスっぽいグループみたいなことがわかるかもしれない。

あと、ディスプレイと言えば、三畳系のトサカは明らかなディスプレイだってわかりますけど、大型のティラノに関しては、ディスプレイって言えますかねえ？　装飾がディスプレイにしては小さい。

田中：ティラノはディスプレイがなかったから戦ってたんじゃないかっていう研究もあるよね。それ以降の羽毛恐竜になるとディスプレイが発達してきて戦わなくなったんじゃないかっていう。

◉日本のティラノサウルス研究

小林：久保田先生、日本のティラノはどうなってるの？

久保田：日本では1道18県41市町村から恐竜が見つかる時代になっています。ジュラ紀、白亜紀の地層が露出していて、まさにティラノサウルス類が生息していた時代ですよね。ティラノサウルス類の化石は、ジュラ紀の地層からはまだでていませんが、白亜紀前期の手取層群から見つかっています。その後も、岩手の久慈、福島、兵庫、長崎、熊本、そして北海道からも出てますね。

化石は断片的なものが多いですけど、日本という小さな島国でティラノサウルス研究ができる土壌にはなっているのかな。一軍のスターメンバーが出る可能性もあります。

小林：私が関わったところでは、カムイサウルスやヤマトサウルスという、大型のハドロサウルス類が日本から見つかっているわけですけど、そういった大型の植物食恐竜がいるところには、それらを獲物にしている、タルボサウルスとかティラノサウルス級の大型の獣脚類がいたはずだから。いまは、歯とか小さな断片しか見つかっ

著者（左）、久保田克博先生（右）

ていないけど、全身全部じゃなくても、もっと骨が見つかってもおかしくない。

それと、全身骨格じゃなくても、ヤマトサウルスがそうだったみたいに、研究してみると、断片的な化石でも名前がつけられるくらい特徴がはっきりしていることがある。ティラノの場合も、歯はわかりやすいから、すぐ発表されるけど、いままで見つかって未整理の化石の中に、小さくても実は重要な発見があるかもしれない。そういうのは時間の問題じゃないかな、と思っています。

そこで、ハドロサウルス類の研究をしていて気がついたのは、ニッポノサウルスはヨーロッパの系列、カムイサウルスは北アメリカの系列、そしてヤマトサウルスは東アジア独自ということで、日本は、いろんな恐竜が集まる場所なんだということ。つまり、世界各地からそれを追いかけてくる獣脚類、ティラノサウルス類がいてもおかしくないんだっていうことですね。獣脚類はどうやって移動して進化してきたかっていうのは、すごく興味があるところですね。

千葉：小林先生の弟子で、私の後輩になる吉田先生が、福島県の標本見てたら、恐竜の化石を見つけたっていうこともありましたけど、いま各地に恐竜の専門家が増えているので、地方の博物館に眠っている標本が、実はティラノじゃないの？　ということはあるかもしれませんね。

小林：ヤマトサウルスも、実は最初にあるチームが研究して学会発表止まりだったんだけど、その後世界中で研究が進んで情報が増えて、いろんな解析ができるようになった。つまり、同じ化石でもそこから得られる情報が増えたということですね。そういう意味では昔はできなかった、1個の骨からでも名前が付けられるようになってきた。

田中先生が研究しているウルグベグサウルスも、世界中のデータがビッグデータとして利用できるようになってきて、これまでわからなかったことがわかる時代になってきた。

田中：1個の骨だけでも新種として記載できることがあるということですよね。僕たちがウズベキスタンに行ったときもティムルレンギアとかの骨がバーッと置いてある横に、20年、30年前に見つかったものらしい、もっと大きい骨が置いてあったんですね。何か違うぞ、という感じで、それをきちんと調べたら、ティラノではなかったですけど、カルカロドントサウルス系の新種で、ウルグベグサウルスとして新種記載したんです。

久保田：実際、ここ数十年で発掘された恐竜化石でも、当時はざっくり獣脚類としか分類できなかったものがたくさんあるんですね。そのずっと保管してたものを改めて分析にかけてみると、ティラノサウルス類の歯が見つかったりもしてますね。

小林：昔は、鑑定士というか、恐竜学のドンみたいな人が経験則で同定してたんだけど、今はちゃんと数値とか統計という形で誰でも検証できるようになってきた。ちゃんと分析して解析してあげれば、データにも再現性があって説得力もある。本当のサイエンスになってきたという感じがしますね。

◉ティラノサウルス一強の時代

——この本でも書かれてましたが、絶滅直前に恐竜の種類が減っていたというのはどうとらえればいいんでしょうか？

千葉：そうは言っても、あれは北アメリカのことであって、世界の他のエリアでは増えていたところもあったかもしれないし、まだわからないというか、一概には言えないですよね。

小林：ただ、北アメリカでは、ティラノ一強の時代で、本当に面白い時代なんだよね。

千葉：他のグループも一強ですよね。角竜はトリケラトプス、ハドロサウルス類はエドモントサウルス。各グループ1種類ずつ選んできたみたいになってる。面白いというか異様ですよね。

——数のバランスもおかしくないですか？　ティラノサウルスが多すぎる気がするのですが？

千葉謙太郎先生（左上）、田中康平先生（右上）、久保田克博先生（左下）、著者（右下）

小林：それはデータにバイアスがかかっているんですね。実際の生態系をそのまま表しているわけではないと思う。保存の中で、残っている化石ではティラノが多いということで、足跡を見ると、ハドロサウルス類が非常に多くなってます。

田中：私の研究で、恐竜の卵の殻を白亜紀後期の時代ごとに集めたんですけど、卵だけ見てると、時代ごとで種類が減っている感じはないですね。大体一定の種類の卵の殻が出ています。

あと、ウルグベグサウルスの論文のときに、同じ生態系でティラノサウルス類の体サイズとティラノの次に大きな肉食恐竜の体サイズのグラフを作ったら、きれいな相関関係ができてきました。ティラノサウルス類が超巨大だと、一緒にいる肉食恐竜の体はかなり小さくて、ティラノサウルス類が小型になると他の肉食恐竜も同じくらいの大きさになる。白亜紀末期の北アメリカではティラノサウルス・レックスが圧倒的過ぎて、他の肉食恐竜が脱落したのかもしれない。

◉ティラノサウルスの起源

小林：ちなみにティラノサウルス属って、どこから来たと思う？　起源というか。

千葉：ティラノサウルス属の起源？

小林：何かアイディアはある？

千葉：ティラノサウルス・レックスですよね？　タルボサウルスとかは入れなくて？　北アメリ

カやアジアにワーッといっぱいいた中から、巨大化したのが北アメリカのレックスだったというイメージでしょうか？

小林：ニューメキシコから出た古い時代のティラノサウルス属じゃないかっていう標本があって、ティラノサウルス属の起源は北アメリカという考えがあるらしいよ。

そもそもタルボサウルス、ズケンティラヌスも含めたスター軍団も、結局起源はわかっていない。そんななかで、ティラノサウルス属の中に種が増えてきて、系統関係も含めて、もっと細かい解像度で見ることができると、起源にも迫れるかもしれない。一属一種だとちょっとわからないですね。

千葉：ニューメキシコのって前から言われてた標本ですよね？　この本でも紹介されてますけど、ティラノサウルスは3種いたという論文を思い出しました。インペラトール、レジーナ、名前はかっこいいですよね。

小林：あれは、ちょっと甘かったけど、今度のは新しい標本の発見があって属の見直しということですね。

――タルボサウルスやズケンティラヌスがアジアにいますが、北アメリカと巨大化はどっちが先だったんですか？

小林：巨大化は、いまのところアジア。時代の順番的に、ズケンティラヌスが出てますからね。

そういう意味でも、日本から大型のティラノサウルス類が見つかってくると、巨大化の起源の話に踏み込めるかもしれない。

田中：日本で出てる一軍メンバーは体のサイズはわかるんですか？

久保田：長崎と天草から歯が出ていて、歯冠で6～8㎝くらい。全長は推定で10m前後です。

一同：やばい、大きいね。

――日本にもティラノサウルス類は、一軍メンバー、二軍メンバーがいた。もうすこし情報のある化石が見つかったら、ティラノサウルスの起源や進化にも迫れるかもしれないということですね。話は尽きませんが、ティラノサウルスの謎を解き明かすべく、読者共々、これからの研究に期待したいと思います。今日は、ありがとうございました。

●第7章

Bell, P. R. and Currie, P. J. 2009. A tyrannosaur jaw bitten by a confamilial: scavenging or fatal agonism? *Lethaia*, 43: 278–281.

Longrich, N. R., Horner, J. R., Erickson, G. M., and Currie, P. J. 2010. Cannibalism in *Tyrannosaurus rex*. *PLoS ONE*, 5(10), e13419.

Brown, C. M., Currie, P. J., and Therrien, F. 2021. Intraspecific facial bite marks in tyrannosaurids provide insight into sexual maturity and evolution of bird-like intersexual display. *Paleobiology*, 48: 12-43.

●第8章

Lyson T. R. and Longrich, N. R. 2011. Spatial niche partitioning in dinosaurs from the latest Cretaceous (Maastrichtian) of North America. *Proceedings of the Royal Society B*, 278: 1158-1164.

Wick, S. L. 2014. New evidence for the possible occurrence of tyrannosaurs in West Texas, and discussion of Maastrichtian tyrannosaurid dinosaurs from Big Bend National Park. *Cretaceous Research*, 50: 52-58.

Marshall, C. R., Latorre, D. V., Wilson, C. J., Frank, T. M., Magoulick, K. M., Zimmt, J. B., and Poust, A. W. 2021. Absolute abundance and preservation rate of *Tyrannosaurus rex*. *Science*, 372: 284-287.

●第9章

久保田克博 2017. 日本産の中生代恐竜化石目録. 人と自然 *Human and Nature*, 28: 97-115.

Manabe M. 1999. The early evolution of the Tyrannosauridae in Asia. *Journal of Paleontology*, 73: 1176-1178.

Kobayashi, Y., Nishimura, T., Takasaki, R., Chiba, K., Fiorillo, A. R., Tanaka, K., Chinzorig, T., Sato, T., and Sakurai, K. 2019. A new hadrosaurine (Dinosauria: Hadrosauridae) from the marine deposits of the Late Cretaceous Hakobuchi Formation, Yezo Group, Japan. *Scientific Reports*, 9: 12389, https://doi.org/10.1038/s41598-019-48607-1.

Kobayashi, K., Takasaki, R., Kubota, K., and Fiorillo, A. R. 2021. A new basal hadrosaurid (Dinosauria: Ornithischia) from the latest Cretaceous Kita-ama Formation in Japan implies the origin of hadrosaurids. *Scientifc Reports*, 11: 8547, https://doi.org/10.1038/s41598-021-87719-5.

King, J. L., Sipla, J. S., Georgi, J. A., Balanoff, A. M., and Neenan, J. M. 2020. The endocranium and trophic ecology of *Velociraptor mongoliensis*. *Journal of Anatomy*, 237: 861-869.

Stevens, K. A. 2006. Binocular vision in theropod dinosaurs. *Journal of Vertebrate Paleontology*, 26: 321-330.

Witmer, L. M. 2001. Nostril position in dinosaurs and other vertebrates and its significance for nasal function. *Science*, 293: 850-853.

Zelenitsky, D. K., Therrien, F., and Kobayashi, Y. 2009. Olfactory acuity in theropods: palaeobiological and evolutionary implication. *Proceedings of the Royal Society B*, 276: 667-673.

Carr, T. D., Varricchio, D. J., Sedlmayr, J. C., Roberts, E. M., and Moore, J. R. 2017. A new tyrannosaur with evidence for anagenesis and crocodile-like facial sensory system. *Scientific Reports*, 7: 44942, doi: 10.1038/srep44942.

Meers, M. B. 2002. Maximum bite force and prey size of *Tyrannosaurus rex* and their relationships to the inference of feeding behavior. *Historical Biology*, 16: 1-12.

Erickson, G. M., VanKirk, S. D., Su, J., Levenston, M. E., Caler, W. E., and Carter, D. R. 1996. Bite-force estimation for *Tyrannosaurus rex* from tooth-marked bones. *Nature*, 382: 706-708.

Rowe, A. J. and Snively, E. 2021. Biomechanics of juvenile tyrannosaurid mandibles and their implications for bite force: evolutionary biology. *The Anatomical Record*, 2021: 1–20, doi.org/10.1002/ar.24602.

Gignac, P. M. and Erickson, G. M. 2017. The biomechanics behind extreme osteophagy in *Tyrannosaurus rex*. *Scientific Reports*, 7: 2012, doi:10.1038/s41598-017-02161-w.

●第6章

Hutchinson, J. R. and Garcia, M. 2002. *Tyrannosaurus* was not a fast runner. *Nature*, 415: 1018-1021.

Hirt, M. R., Jetz, W., Rall, B. C., and Brose, U. 2017. A general scaling law reveals why the largest animals are not the fastest. *Nature Ecology & Evolution*, 1: 1116-1122.

van Bijlert, P. A., van Soest, A. J., and Schulp, A. S. 2021. Natural frequency method: estimating the preferred walking speed of *Tyrannosaurus rex* based on tail natural frequency. *Royal Society Open Science*, 8: 201441, doi.org/10.1098/rsos.201441.

Alexander, R. M. 1976. Estimates of speeds of dinosaurs. *Nature*, 261: 129-130.

Currie, P. J. and Eberth, D. A. 2010. On gregarious behavior in *Albertosaurus*. *Canadian Journal of Earth Sciences*, 47: 1277-1289.

Hone, D. W. E., Choiniere, J., Sullivan, C., Xu, X., Pittman, M., and Tan, Q. 2010. New evidence for a trophic relationship between the dinosaurs *Velociraptor* and *Protoceratops*. *Palaeogeography, Palaeoclimatology, Palaeoecology*, 291: 488-492.

●第4章

Schweitzer, M. H., Wittmeyer, J. L., and Horner, J. R. 2005. Gender-specific reproductive tissue in ratites and *Tyrannosaurus rex*. *Science*, 308: 1456-1460.

Carpenter, K. 1992. Variation in *Tyrannosaurus rex*. In Carpenter K. and Currie P. J. (eds.). Dinosaur Systematics: Approaches and Perspectives. Cambridge: Cambridge University Press, p.141-146.

Tanaka, K., Kobayashi, Y, Zelenitsky, D. K., Therrien, F., Lee, Y.-N., Barsbold, R., Kubota, K., Lee, H.-J., Chinzorig, T., and Idersaikhan, D. 2019. Exceptional preservation of a Late Cretaceous dinosaur nesting site from Mongolia reveals colonial nesting behavior in a non-avian theropod. *Geology*, 47(9): 843-847.

Russell, D. A. 1970. Tyrannosaurs from the Late Cretaceous of western Canada. *Ottawa National Museum of Natural Sciences, Publications in Palaeontology*, 1: 1-34.

Currie, P. J. 2003. Allometric growth in tyrannosaurids (Dinosauria: Theropoda) from the Upper Cretaceous of North America and Asia. *Canadian Journal of Earth Sciences*, 40: 651-665.

Carr, T. D. 2020. A high-resolution growth series of *Tyrannosaurus rex* obtained from multiple lines of evidence. *PeerJ*, 8: e9192, doi 10.7717/peerj.9192.

Erickson, G. M., Makovicky, P. J., Currie, P. J., Norell, M. A., Yerby, S. A., and Brochu, C. A. 2004. Gigantism and comparative life-history parameters of tyrannosaurid dinosaurs. *Nature*, 430: 772-775.

Erickson, G. M., Currie, P. J., Inouye, B. D., and Winn, A. A. 2006. Tyrannosaur life tables: an example of non-avian dinosaur population biology. *Science*, 313: 213-217.

Erickson, G. M., Currie, P. J., Inouye, B. D., and Winn, A. A. 2010. A revised life table and survivorship curve for *Albertosaurus sarcophagus* based on the Dry Island mass death assemblage. *Canadian Journal of Earth Sciences*, 47: 1269-1275.

●第5章

Witmer, L. M. and Ridgedy, R. C. 2009. New insights into the brain, braincase, and ear region of tyrannosaurs (Dinosauria, Theropoda), with implications for sensory organization and behavior. *The Anatomical Record*, 292: 1266-1296.

Choiniere, J. N., Neenan, J. M., Schmitz, L., Ford, D. P., Chapelle, K. E. J., Balanoff, A. M., Sipla, J. S., Georgi, J. A., Walsh, S. A., Norell, M. A., Xu, X., Clark, J. M., and Benson, R. B. J. 2021. Evolution of vision and hearing modalities in theropod dinosaurs. *Science*, 372: 610-613.

●第2章

Chen, P.-J., Dong, Z., and Zhen, S. 1998. An exceptionally well-preserved theropod dinosaur from the Yixian Formation of China. *Nature*, 391: 147-152.

Xu, X., Norell, M. A., Kuang, X., Wang, X., Zhao, Q., and Jia, C. 2004. Basal tyrannosauroids from China and evidence for protofeathers in tyrannosauroids. *Nature*, 431: 680-684.

Xu, X., Wang, K., Zhang, K., Ma, Q., Xing, L., Sullivan, C., Hu, D., Cheng, S., and Wang, S. 2012. A gigantic feathered dinosaur from the Lower Cretaceous of China. *Nature*, 484: 92-95.

Smithwick, F. M., Nicholls, R., Cuthill, I. C., and Vinther, J. 2017. Countershading and stripes in the theropod dinosaur *Sinosauropteryx* reveal heterogeneous habitats in the Early Cretaceous Jehol Biota. *Current Biology*, 27: 3337–3343, doi.org/10.1016/j.cub.2017.09.032.

Bell, P. R., Campione, N. E., Persons, W. S. IV, Currie, P. J., Larson, P. L., Tanke, D. H., and Bakker, R. B. 2017. Tyrannosauroid integument reveals conflicting patterns of gigantism and feather evolution. *Biology Letters*, 13, 20170092, http://dx.doi.org/10.1098/rsbl.2017.0092.

Foth, C. and Rauhut, O. W. M. 2020. The evolution of feathers: from their origin to the present. Fascinating Life Sciences, Springer Nature, Switzerland.

●第3章

Horner, J. R., Goodwin, M. B., and Myhrvold, N. 2011. Dinosaur census reveals abundant Tyrannosaurus and rare ontogenetic stages in the Upper Cretaceous Hell Creek Formation (Maastrichtian), Montana, USA. *PLoS ONE*, 6 (2), e16574.

Erickson, G. M. and Olson, K. H. 1996. Bite marks attributable to *Tyrannosaurus rex*: preliminary description and implications. *Journal of Vertebrate Paleontology*, 16: 175-178.

Longrich, N. R., Horner, J. R., Erickson, G. M., and Currie, P. J. 2010. Cannibalism in *Tyrannosaurus rex*. *PLoS ONE*, 5 (10), e13419.

Hone, D. W. E. and Watabe, M. 2010. New information on scavenging and selective feeding behaviour of tyrannosaurids. *Acta Palaeontologica Polonica*, 55(4): 627–634.

Bell, P. R., Currie, P. J., and Lee, Y.-N. 2012. Tyrannosaur feeding traces on *Deinocheirus* (Theropoda:?Ornithomimosauria) remains from the Nemegt Formation (Late Cretaceous), Mongolia. *Cretaceous Research*, 37: 186-190.

Chin, K., Tokaryk, T. T., Erickson, G. M., and Calk, L. C. 1998. A king-sized theropod coprolite. *Nature*, 393: 680-682.

Varricchio, D. J. 2001. Gut contents from a Cretaceous tyrannosaurid: implications for theropod dinosaur digestive tracts. *Journal of Paleontology*, 75: 401-406.

●第２部　第1章

Witmer, L. M. and Ridgely, R. C. 2010. The Cleveland Tyrannosaurus skull (*Nanotyrannis* or *Tyrannosaurus*): new findings based on CT scanning, with special reference to the braincase. *Kirtlandia*, 57: 61-81.

Bakker, R. T., Williams, M., Currie, P. J. 1988. *Nanotyrannus*, a new genus of pygmy tyrannosaur, from the latest Cretaceous of Montana. *Hunteria*, 1: 1-30.

Witmer, L. M. and Ridgely, R. C. 2009. New insights into the brain, braincase, and ear region of tyrannosaurs (Dinosauria, Theropoda), with implications for sensory organization and behavior. *The Anatomical Record*, 292: 1266–1296.

Larson, P. 2013. The case for *Nanotyrannus*. In Parrish, M. J., Molnar, R. E., Currie, P. J., and Koppelhus, E. B. (eds.), Tyrannosaurid Paleobiology. Indiana University Press, p.15-53.

Schmerge, J. D. and Rothchild, B. M. 1988. Distribution of the dentary groove of theropod dinosaurs: implications for theropod phylogeny and the validity of the genus *Nanotyrannus* Baller et al. *Cretaceous Research*, 61: 26-33.

Woodward, H. N., Tremaine, K., Williams, S. A., Zanno, L. E., Horner, J. R., and Myhrvold, N. 2020. Growing up *Tyrannosaurus rex*: osteohistology refutes the pygmy "*Nanotyrannus*" and supports ontogenetic niche partitioning in juvenile *Tyrannosaurus*. *Science Advances*, 6, eaax6250.

Sereno, P. C., Tan, L., Brusatte, S. L., Kriegstein, H. J., Zhao, X., and Cloward, K. 2009. Tyrannosaurid skeletal design first evolved at small body size. *Science*, 326: 418-422.

Fowler, D. W., Woodward, H. N., Freedman, E. A., Larson, P. L., and Horner, J. R. 2011. Reanalysis of "*Raptorex kriegsteini*": a juvenile tyrannosaurid dinosaur from Mongolia. *PLoS ONE*, 6 (6), e21376.

Tsuihiji, T., Watabe, M., Tsogtbaatar, K., Tsubamoto, T., Barsbold, R., Suzuki, Lee, H. A., Ridgely, R. C., Kawahara, Y., and Witmer, L. M. 2011. Cranial osteology of a juvenile specimen of *Tarbosaurus bataar* (Theropoda, Tyrannosauridae) from the Nemegt Formation (Upper Cretaceous) of Bugin Tsav, Mongolia. *Journal of Vertebrate Paleontology*, 31: 497-517.

Newbrey, M. G., Brinkman, D. B., Winkler, D. A., Freedman, E. A., Neuman, A. G., Fowler, D. W., and Woodward, H. N. 2013. Teleost centrum and jaw elements from the Upper Cretaceous Nemegt Formation (Campanian-Maastrichtian) of Mongolia and a re-identification of the fish centrum found with the theropod *Raptorex kreigsteini*. In Arratia, G., Schultze, H.-P., and Wilson, M. V. H. (eds.), Mesozoic Fishes 5 – Global Diversity and Evolution, p.291-303.

McDonald, A. T., Wolfe, D. G., and Dooley, A. C. Jr. 2018. A new tyrannosaurid (Dinosauria: Theropoda) from the Upper Cretaceous Menefee Formation of New Mexico. *PeerJ*, doi 10.7717/peerj.5749.

Delcourt, R. and Grillo, O. N. 2018. Tyrannosauroids from the southern hemisphere: implications for biogeography, evolution, and taxonomy. *Palaeogeography, Palaeoclimatology, Palaeoecology*, 511: 379-387.

Zanno, L. E., Tucker, R. T., Canoville, A., Avrahami, H. M., Gates, T. A., and Makovicky, P. J. 2019. Diminutive fleet-footed tyrannosauroid narrows the 70-million-year gap in the North American fossil record. *Communications Biology*, 2: 64, doi.org/10.1038/s42003-019-0308-7.

Xing, L., Niu, K., Lockley, M. G., Klein, H., Romilio, A. W., Persons, S. IV, and Brusatte, S. L. 2019. A probable tyrannosaurid track from the Upper Cretaceous of southern China. *Science Bulletin*, doi: https://doi.org/10.1016/j.scib.2019.06.013.

Wu, X.-C., Shi, J.-R., Dong, L.-Y., Carr, T. D., Yi, J., Xu, S.-C. 2019. A new tyrannosauroid from the Upper Cretaceous of Shanxi, China. *Cretaceous Research*, doi.org/10.1016/j.cretres.2019.104357.

Voris, J. T., Therrien, F., Zelenitsky, D. K., and Brown, C. M. 2020. A new tyrannosaurine (Theropoda: Tyrannosauridae) from the Campanian Foremost Formation of Alberta, Canada, provides insight into the evolution and biogeography of tyrannosaurids. *Cretaceous Research*, doi.org/10.1016/j.cretres.2020.104388.

Xu, X., Norell, M. A., Kuang, X., Wang, X., Zhao, Q., and Jia, C. 2004. Basal tyrannosauroids from China and evidence for protofeathers in tyrannosauroids. *Nature*, 431: 680-684.

Hutt, S., Naish, D., Martill, D. M., Barker M. J., and Newbery, P. 2001. A preliminary account of a new tyrannosauroid theropod from the Wessex Formation (Early Cretaceous) of southern England. *Cretaceous Research*, 22: 227-242.

Xu, X., Clark, J. M., Forster, C. A., Norell, M. A., Erickson, G. M., Eberth, D. A., Jia, C., and Zhao, Q. 2006. A basal tyrannosauroid dinosaur from the Late Jurassic of China. *Nature*, 439: 715-718.

Paul, G. S., W. Persons W. S. IV, and Raalte, J. V. 2022. The tyrant lizard king, queen and emperor: multiple lines of morphological and stratigraphic evidence support subtle evolution and probable speciation within the North American genus *Tyrannosaurus*. *Evolutionary Biology*, doi.org/10.1007/s11692-022-09561-5.

Benson, R. B. J. 2008. New information on *Stokesosaurus*, a tyrannosauroid (Dinosauria: Theropoda) from North America and the United Kingdom. *Journal of Vertebrate Paleontology*, 28: 732-750.

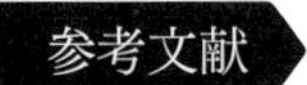

参考文献

●第1部

Benson, B. R., Barrett, P. M., Rich, T. H., and Vickers-Rich, P. 2010. A southern tyrant reptile. *Science*, 327: 1613.

Rauhut, O. W. M., Milner, A. C., and Moore-Fay, S. 2010. Cranial osteology and phylogenetic position of the theropod dinosaur *Proceratosaurus bradleyi* (Woodward, 1910) from the Middle Jurassic of England. *Zoological Journal of the Linnean Society*, 158: 155–195.

Carr, T. D., Williamson, T. E., Britt, B. B., and Stadtman, K. 2011. Evidence for high taxonomic and morphologic tyrannosauroid diversity in the Late Cretaceous (late Campanian) of the American Southwest and a new short-skulled tyrannosaurid from the Kaiparowits Formation of Utah. *Naturwissenschaften*, 98: 241–246.

Hone, D. W. E., Wang, K., Sullivan, C., Zhao, X., Chen, S., Li, D., Ji, S., Ji, Q., and Xu, X. 2011. A new, large tyrannosaurine theropod from the Upper Cretaceous of China. *Cretaceous Research*, 32: 495-503.

Averianov, A. and Sues, H.-D. 2012. Skeletal remains of Tyrannosauroidea (Dinosauria: Theropoda) from the Bissekty Formation (Upper Cretaceous: Turonian) of Uzbekistan. *Cretaceous Research*, 34: 284-297.

Xu, X., Wang, K., Zhang, K., Ma, Q., Xing, L., Sullivan, C., Hu, D., Cheng, S. and Wang, S. 2012. A gigantic feathered dinosaur from the Lower Cretaceous of China. *Nature*, 484: 92-95.

Loewen, M. A., Irmis, R. B., Sertich, J. J. W., Currie, P. J., and Sampson, S. D. 2013. Tyrant dinosaur evolution tracks the rise and fall of Late Cretaceous oceans. *PLoS ONE*, 8(11), e79420.

Brusatte, S. L. and Benson, R. B. J. 2013. The systematics of Late Jurassic tyrannosauroid theropods from Europe and North America. *Acta Palaeontologica Polonica*, 58: 47-54.

Fiorillo, A. R. and Tykoski, R. S. 2014. A diminutive new tyrannosaur from the top of the world. *PLoS ONE*, 9(3), e91287.

Lü, J., Yi, L., Brusatte, S. L., Yang, L., Li, H., and Chen, L. 2014. A new clade of Asian Late Cretaceous long-snouted tyrannosaurids. *Nature Communications*, 5:3788, doi: 10.1038/ncomms4788.

Brusatte, S. L. and Carr, T. D. 2016. The phylogeny and evolutionary history of tyrannosauroid dinosaurs. *Scientific Reports*, 6:20252, doi: 10.1038/srep20252.

Brusattea, S. L., Averianov, A., Sues, H.-D., Muir, A., and Butler, I. B. 2016. New tyrannosaur from the mid-Cretaceous of Uzbekistan clarifies evolution of giant body sizes and advanced senses in tyrant dinosaurs. *Proceedings of the National Academy of Sciences*, 113: 3447-3452.

装幀・本文デザイン　天野広和(ダイアートプランニング)
カバー写真　アフロ
イラスト・画像調整　柳澤秀紀
協力　久保田克博　坂田智佐子　田中康平
千葉謙太郎　友清 哲

ティラノサウルス解体新書

2023年3月30日　第1刷発行
2023年11月24日　第5刷発行

著者　小林快次
発行者　髙橋明男
発行所　株式会社講談社
〒112-8001　東京都文京区音羽2-12-21
電話　出版　03-5395-3524
販売　03-5395-4415
業務　03-5395-3615

KODANSHA

印刷所　共同印刷株式会社
製本所　株式会社国宝社

定価はカバーに表示してあります。

© 小林快次　2023, Printed in Japan
落丁本・乱丁本は購入書店名を明記のうえ，小社業務宛にお送りください。送料小社負担にてお取り替えします。なお，この本の内容についてのお問い合わせは，ブルーバックス宛にお願いいたします。

本書のコピー，スキャン，デジタル化等の無断複製は著作権法上での例外を除き，禁じられています。本書を代行業者等の第三者に依頼してスキャンやデジタル化することは，たとえ個人や家庭内の利用でも著作権法違反です。

R〈日本複製権センター委託出版物〉複写を希望される場合は，日本複製権センター（電話03-6809-1281）にご連絡ください。


ISBN978-4-06-531315-2　N.D.C.457　319p　19cm